Informationspaket

Nutzung der Windenergie

5., erweiterte und vollständig überarbeitete Auflage

Siegfried Heier

Herausgeber

Der BINE Informationsdienst bietet Kompetenz in neuen Energietechniken. Der intelligente Umgang mit knappen, wertvollen Energieressourcen, insbesondere in Gebäuden und der Gebäudetechnik, sowie die Nutzung erneuerbarer Energien sind die BINE-Kernthemen. Zu diesen Inhalten vereinen wir vielfältiges Know-how aus Forschung, Technik und Anwendung. Eine Übersicht über unser komplettes Produkt- und Dienstleistungsangebot finden Sie unter www.bine.info. Gerne senden wir Ihnen die Informationen auch zu.

BINE ist ein Informationsdienst von FIZ Karlsruhe und wird vom Bundesministerium für Wirtschaft und Technologie gefördert.

Für weitere Fragen steht Ihnen zur Verfügung: Uwe Milles (Redaktion)
BINE Informationsdienst, FIZ Karlsruhe, Büro Bonn
Kaiserstr. 185–197, 53113 Bonn
Tel.: 0228/92379-0, E-Mail: bine@fiz-karlsruhe.de, www.bine.info

Verlag: Solarpraxis AG
Zinnowitzer Straße 1, 10115 Berlin
Tel.: 030/726296300, E-Mail: verlag@solarpraxis.de, www.solarpraxis.de

> Bibliografische Information der Deutschen Nationalbibliothek:
> Die Deutsche Nationalbibliothek verzeichnet diese Publikation in der Deutschen National-
> bibliografie; detaillierte bibliografische Daten sind im Internet über http://dnb.d-nb.de abrufbar.

Die Inhalte dieses Werkes werden von Verlag, Herausgeber und Autoren nach bestem Wissen und Gewissen erarbeitet und zusammengestellt. Eine rechtliche Gewähr für die Richtigkeit der einzelnen Angaben kann jedoch nicht übernommen werden. Gleiches gilt auch für Websites, auf die verwiesen wird. Es wird betont, dass wir keinerlei Einfluss auf die Inhalte und Formulierungen dieser Seiten haben und auch keine Verantwortung für sie übernehmen.
Grundsätzlich gelten die Wortlaute der Gesetzestexte und Richtlinien und die einschlägige Rechtsprechung.

Gedruckt auf chlorfrei gebleichtem Papier.

ISBN 978-3-934595-63-7

© by FIZ Karlsruhe, 2007

korrigierter Nachdruck, 2008

Gestaltung: Solarpraxis AG

Titelfoto: GE Energy

Hinweis zu den Abbildungen: Soweit nachfolgend keine anderen Quellen genannt werden, stammen die Abbildungen vom Autor.

Inhaltsverzeichnis

Vorwort 6

1	**Stand und Perspektiven der Windenergienutzung**	**7**
1.1	Technik und Rahmenbedingungen in Deutschland	8
1.2	Stand der Technik von marktbeherrschenden Anlagen	10
1.3	Prototypen der 5-MW-Klasse	11
1.4	Anlagenmarkt	12
1.5	Windenergie und Stromnetze	13
1.6	Standorte	14
1.7	Wirtschaftliche Auswirkungen	16
1.8	Arbeitsplätze	17
1.9	Gute Gründe für die Windenergie	18
2	**Windenergie international**	**20**
2.1	Situation in Europa	20
2.2	Nordamerika	22
2.3	Südamerika	26
2.4	Asien	27
2.5	Afrika	30
2.6	Australien-Pazifik-Region	31
3	**Der Wind – seit 3.000 Jahren im Dienste der Menschheit**	**33**
3.1	Historische Anfänge der Windkraft	33
3.2	Pumpen und Mühlen im Mittelmeerraum und in angrenzenden Gebieten	34
3.3	Bock- und Holländerwindmühlen in Nordwesteuropa	37
3.4	Massenfertigung von „Westernrädern"	40
3.5	Begründung der Aerodynamik in der Windkrafttechnik	41
3.6	Neue Windkrafttechnologie	42
4	**Meteorologische und physikalische Grundlagen**	**46**
4.1	Bewegungsabläufe in der Erdatmosphäre	46
4.2	Gebiete zur Windenergienutzung	50
4.3	Energie aus dem Wind	53

NUTZUNG DER WINDENERGIE

5	**Bauformen von Windkraftanlagen und Systemen am Markt**	60
5.1	Anlagen mit vertikaler Achse	60
5.2	Anlagen mit horizontaler Achse	63
5.3	Sonderbauformen	66
5.4	Merkmale von Standardanlagen	68
5.5	Anlagen am Markt	69
6	**Komponenten und Technik von marktgängigen Anlagen**	72
6.1	Turbine	72
6.2	Triebstrangausführungen	78
6.3	Generatorsysteme	79
6.4	Maschinenhausausführungen	85
6.5	Windrichtungsnachführung	87
6.6	Turm	88
6.7	Regelung und Betriebsführung	89
6.8	Sicherheitssysteme und Überwachungseinrichtungen	97
6.9	Betriebserfahrungen	100
6.10	Entwicklungstendenzen	103
7	**Windparks**	104
7.1	Parkeffekte	104
7.2	Parkausführungen	105
8	**Netzintegration**	106
8.1	Anforderungen der Netzbetreiber	106
8.2	Netzeinwirkungen und Abhilfemaßnahmen	106
8.3	On- und Offshore-Windparks	109
8.4	Auswirkungen eines starken Windenergieausbaus	111
9	**Inselsysteme**	113
9.1	Besonderheiten von Inselsystemen	114
9.2	Einsatz in Deutschland	114
9.3	Einsatz in netzfernen Gebieten	115
10	**Planung, Ausbau und Repowering von Windkraftanlagen**	118
10.1	Standortfragen	118
10.2	Planung und Bau von Anlagen	121
10.3	Repowering	124

11	**Betrieb von Windkraftanlagen**	125
11.1	Organisationsmodelle	125
11.2	Kosten	126

12	**Wirtschaftlichkeitsbetrachtungen**	130
12.1	Entwicklung und Trends der Einspeisevergütung	130
12.2	Stromgestehungskosten	131
12.3	Betriebswirtschaftliche Berechnungsmethoden	132

| 13 | **Ökobilanz** | 135 |

14	**Windenergieforschung und -entwicklung**	138
14.1	Grundlagen- und Anwendungsforschung	138
14.2	Neuentwicklungen und Großanlagen	140

15	**Zitierte Literatur und Abbildungsverzeichnis**	144
15.1	Zitierte Literatur	144
15.2	Abbildungsverzeichnis	151

16	**Forschungsvorhaben der Bundesregierung**	152
16.1	Laufende und kürzlich abgeschlossene Forschungsvorhaben	152
16.2	Forschungsberichte	155

17	**Weiterführende Literatur**	157
17.1	Technik und Nutzung	157
17.2	Offshore-Nutzung	158
17.3	Marktübersichten	159
17.4	Datenbanken	159
17.5	BINE Informationsdienst	159

| 18 | **Zum Autor** | 160 |

Vorwort

Die Nutzung der Windenergie in Deutschland ist eine Erfolgsgeschichte. Die Strommenge, die eine Anlage 1990 in einem Jahr erzeugte, erbringt die durchschnittliche 2006er-Anlage an einem Tag. Im selben Zeitraum stieg der Beitrag der Windenergie zur Stromversorgung in Deutschland von einigen Promille auf 6,5 Prozent (%) im Jahr 2005 mit weiter steigender Tendenz. 1990 hat die Stahlindustrie die Windenergiefirmen als Kunden kaum wahrnehmen können, heute sind sie der zweitgrößte Stahlabnehmer nach der Automobilindustrie. Wollte man einmal alle direkten und indirekten Beschäftigten der deutschen Windenergiefirmen in Deutschland an einem Ort versammeln, dann hätte 1990 eine Turnhalle gereicht, während man heute ein großes Sportstadion füllen könnte. Aus den damaligen Start-up-Firmen ist eine mittelständische Industrie entstanden.

Windenergie ist Hightech. Die Entwicklung und Optimierung der Anlagen war und ist bis heute ein sehr forschungsintensiver Bereich, in dem sich die Bundesregierung mit der Energieforschung vielfach engagiert hat. Gefördert wurden nicht nur die Entwicklung innovativer Anlagen und Komponenten, sondern auch Grundlagen wie z. B. eine optimierte Netzintegration, die verbesserte Leistungsprognose, die Fehlerfrüherkennung, der Blitzschutz und die ökologische Begleitforschung. Grundlegende Erfahrungen hat auch das „250-MW-Wind-Programm" erbracht, in dessen Rahmen Anlagen über Jahre auf Zuverlässigkeit, Langlebigkeit und Fehlerursachen beobachtet wurden. Auch das – durch die verschiedenen Gesetze zur Einspeisung von Strom aus erneuerbaren Energiequellen geschaffene – wirtschaftlich kalkulierbare Vergütungssystem hat den Windboom in Deutschland ermöglicht.

Windenergie wächst international. Immer mehr Länder intensivieren den Auf- und Ausbau der Windenergienutzung. Dieses bietet Chancen für Windenergiefirmen aus Deutschland. Bereits heute werden 60 % der nationalen deutschen Produktion exportiert. Diese internationale Entwicklung bestätigt auch, dass die Fördermittel der Energieforschung für die Windenergie gut angelegt waren. Windenergie ist auch eine Erfolgsgeschichte der Energieforschung.

Das BINE-Informationspaket „Nutzung der Windenergie" zeichnet wichtige Stationen dieser Entwicklung nach. Das Hauptgewicht liegt auf der aktuellen Technik von Komponenten und Anlagen sowie deren Planung und Ausbau. Jeweils ein Kapitel beschäftigt sich mit der ökonomischen und ökologischen Bilanz der Windenergie. Abschließend werden aktuelle industrielle und öffentlich geförderte Forschungsaktivitäten vorgestellt.

FIZ Karlsruhe
BINE Informationsdienst

1 Stand und Perspektiven der Windenergienutzung

Steigende Umweltbelastungen und zunehmend zu beobachtende Klimaveränderungen, die in hohem Maße durch Prozesse zur Energieumwandlung hervorgerufen werden, erfordern eine Reduzierung der größer werdenden umweltschädigenden Emissionen. Bei der Elektrizitätserzeugung lassen sich insbesondere durch die Nutzung erneuerbarer Energien nennenswerte Entlastungen erreichen. Dabei kommen, neben der weltweit genutzten Wasserkraft, den immensen Potenzialen der Sonnen- und Windenergie große Bedeutung zu. Ihre Angebote sind allerdings – stärker als die Wasserkraft – den zeitlichen Abläufen der Natur unterworfen [1]. Für ihre Nutzung notwendige Anlagen befinden sich in der Anfangsphase einer großtechnischen Anwendung. Um diese in einem Markt mit sehr hohem technischem Standard etablieren zu können, sind insbesondere für die umweltverträgliche Technik angemessene Entwicklungs- und Einführungszeiträume notwendig. Zum Ende des Jahres 2005 waren weltweit 60 Gigawatt (GW) installiert. In diesem Jahr wuchs der Wert um 10 GW (23%). Das Marktvolumen der Windkraftindustrie lag damit bei 10 Mrd. €. Etwa die Hälfte davon erwirtschaftete die deutsche Windindustrie (BWE, VDMA-Pressemitteilung am 17.01.2006).

Bei der Nutzung regenerativer Energien ist – neben der etablierten Wasserkraft – die Windenergie technisch am weitesten vorangeschritten und dem wirtschaftlichen Durchbruch am nächsten. Die Windenergie vermag aufgrund der vorhandenen Potenziale weltweit einen gewichtigen Anteil zur Elektrizitätserzeugung beizusteuern. In vielen Ländern der Erde übersteigen die technisch und wirtschaftlich nutzbaren Windenergiepotenziale den Elektrizitätsverbrauch bei Weitem. In Deutschland werden etwa 6,5 % des Stromes aus Windkraftanlagen eingespeist [2]. Mitte 2003 hat der Anteil der Windenergie bei der Elektrizitätserzeugung in Deutschland die Beiträge der Wasserkraft überstiegen.

Im Folgenden werden die Technik und die Rahmenbedingungen in Deutschland umrissen. In Kapitel 2 folgen die Situation in Europa und weltweite Bestrebungen. Dazu sollen bereits hier einige begriffliche Festlegungen vorausgeschickt werden. Wasser-, Kohle-, Gas-, Öl- und Kernkraftwerke etc. stehen als feste Begriffe für Energiewandlungsanlagen in der konventionellen Stromversorgungstechnik.

Um auch im Bereich der erneuerbaren Energien die Nomenklatur beizubehalten, sollen im Weiteren

- **Windkraftanlagen**
  als Systeme für die Elektrizitätserzeugung stehen.

- **Windturbinen oder Windräder**
  hingegen beschreiben die Umwandlung der Strömungsenergie der Luft in mechanische Rotationsenergie.

- **Windenergieanlagen,**
  eine Bezeichnung, die in Normen, Richtlinien usw. angewandt und festgelegt ist, soll in den weiteren Ausführungen allgemeine Wandlungssysteme beschreiben, die mechanische (Mühlen), hydraulische (Pumpen) oder thermische (Wärme) und elektrische Energie (Strom) „erzeugen" können.

1.1 Technik und Rahmenbedingungen in Deutschland

Wissenschaftlich fundierte und innovative Ansätze sowie großtechnische Pläne in der Windkrafttechnik haben in Deutschland große Tradition. Erste Ansätze zur Stromerzeugung mit Windkraftanlagen wurden bereits Anfang des letzten Jahrhunderts unternommen. Entscheidende Impulse gingen von theoretischen Erkenntnissen in den zwanziger Jahren aus. Bereits in den dreißiger und vierziger Jahren folgten großtechnische Pläne zur Stromerzeugung aus Windenergie. Neuartige technologische Ansätze wurden in den vierziger und fünfziger Jahren bei kleineren Einheiten erfolgreich umgesetzt. Bereits Anfang der 60er-Jahre sind diese Anstrengungen, insbesondere durch Niedrigstpreise konventioneller Energieträger, zunichtegemacht und Erfolg versprechende Entwicklungen wieder abgebrochen worden.

Ende der 70er-, Anfang der 80er-Jahre wurde die moderne Windkrafttechnologie erneut aufgegriffen. Dabei war die Entwicklung zunächst auf Großanlagen der Megawattklasse ausgerichtet. Dazu mussten Berechnungsgrundlagen entwickelt und Lastannahmen getroffen werden, um eine Technologie zu beherrschen, die z. B. die Dimension von Großflugzeugen bis heute bei Weitem übertrifft.

Im Schatten der Großprojekte entstanden Kleinanlagen mit hohem Innovationsgrad. Ihre Entwicklung führte – von Anlagen der 50-kW-Klasse Anfang der 80er-Jahre ausgehend – knapp zwei Jahrzehnte später zu serienreifen Konvertern der Leistungsgröße von 500 bis 2.500 kW. 3- bis 5-MW-Anlagen werden momentan noch in den Markt eingeführt (Abb. 1).

STAND UND PERSPEKTIVEN DER WINDENERGIENUTZUNG

1982	1984	1986	1988	1992	1994	1996	2000	2002
Aeroman	Vestas	Nordtank	Micon	Enercon	Nordex N 54	Enercon E 66	Nordex N 80	Enercon E 112
20 kW	55 kW	150 kW	250 kW	500 kW	1.000 kW	1.500 kW	2.500 kW	4.500 kW
⌀ 11,5 m	⌀ 17 m	⌀ 25 m	⌀ 30 m	⌀ 40 m	⌀ 54 m	⌀ 66 m	⌀ 80 m	⌀ 112,8 m

Abb. 1: 20 Jahre Entwicklung der Windkraftanlagentechnik

Bei der Entwicklung bis zur 2-MW-Klasse wurden erfolgreiche Konzepte und Innovationen von kleinen und mittleren Anlagen auf größere Einheiten übertragen. Dies führte zu einer stark verbesserten Zuverlässigkeit. Die technische Verfügbarkeit erreicht heute Durchschnittswerte von ca. 98 %. Darüber hinaus konnte der wirtschaftliche Einsatz enorm gesteigert werden. Dadurch hat die Windenergie einen kaum für möglich gehaltenen Aufschwung genommen. Mit ca. 17.600 Anlagen sind in Deutschland etwa 18,5 GW Windkraftanlagenleistung installiert. Dies sind rechnerisch gut 75 % der momentan aufgebauten Kernkraftwerksleistung. Dabei erreichen die Windkraftanlagen jährlich an Land im Durchschnitt etwa 2.000, an der Küste ca. 3.000 und auf See werden 4.000 Volllaststunden erwartet. Grundlastkraftwerke kommen auf 5.000 bis 7.000 Volllaststunden pro Jahr. Die Auslastung von Mittellastkraftwerken liegt bei ca. 4.000 Stunden und Spitzenlastkraftwerke bleiben meist unter 1.000 Stunden im Jahr.

Neben der Technologie der marktführenden Systeme und der Pilotanlagen bilden die Standortqualität und Netzeinspeisemöglichkeiten sowie der wirtschaftliche Erfolg die Basis für diese Entwicklung, auf die im Weiteren kurz eingegangen werden soll.

1.2 Stand der Technik von marktbeherrschenden Anlagen

In Deutschland ist momentan etwa die Hälfte der in Europa bzw. ein Drittel der weltweit installierten Windkraftanlagenleistung aufgebaut (Abb. 2). Die Basis dieses Erfolges konnte durch eine mehr als 20 Jahre dauernde, intensive technische Entwicklung geschaffen werden, der vor 15 Jahren die notwendigen politischen und wirtschaftlichen Rahmenbedingungen zum Durchbruch verholfen haben.

Dem Trend der letzten 20 Jahre folgend, lösten meist neue, größere Anlagen nach ihrer Markteinführung und Konsolidierung die Systeme der Vorgängergeneration nach und nach ab. Die Erkenntnisse und Innovationen bei der Weiterentwicklung der größeren Einheiten wurde jedoch vielfach auch zum „Re-Design", d. h., zur Überarbeitung und Verbesserung kleinerer Anlagen genutzt.

Eine marktführende Position nehmen heute die Einheiten der 600-kW- bis 3-MW-Klasse ein. Die meisten der neu installierten Windkraftanlagen haben zwischen 60 und 90 m Turbinendurchmesser mit einer Nennleistung von 1 bis 3 MW. Sie nehmen nach [2] im Jahr 2005 einen Marktanteil von 98,4 % ein. Diese Anlagen sind allerdings für einen Offshore-Einsatz noch zu klein.

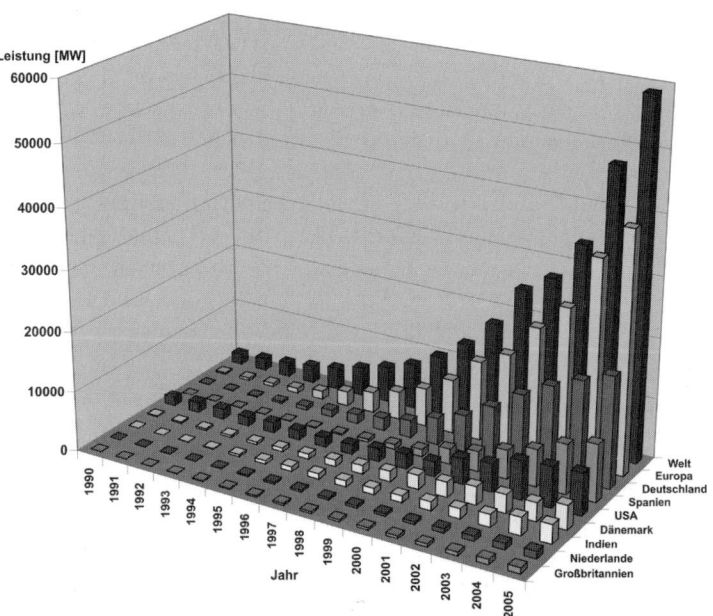

Abb. 2: Spitzenstellung Deutschlands bei der Windenergienutzung: weltweit, in Europa und in den wichtigsten Ländern installierte Windkraftanlagenleistung

Nach [2] speisen in Deutschland die Anlagen mit einer Leistung zwischen 1.500 und 3.100 kW, die zahlenmäßig mit 6.328 Windturbinen einen Anteil von 37,6 % ausmachen, etwa zwei Drittel der aus Wind generierten elektrischen Energie in das Netz ein. In der Leistungsklasse der 310- bis 750-kW-Anlagen ist mit 5.847 Einheiten nahezu die gleiche Anzahl errichtet worden. In der „Königsklasse" über 3.100 kW waren bis Anfang 2005 sieben Windkraftanlagen aufgebaut.

1.3 Prototypen der 5-MW-Klasse

Obwohl dänische Hersteller weltweit Marktführer waren, konnte in Deutschland bei einigen Anlagenproduzenten bereits schon weit unterhalb der MW-Klasse ein Trend zu technisch aufwändigen und innovativen Systemen beobachtet werden. Diese weisen u. a. Blatteinstellwinkelregelung und drehzahlvariables Turbinen-Generatorsystem mit einer Netzeinspeisung über Umrichter auf und führen zu einer wesentlichen Entlastung in den Komponenten – von den Rotorblättern bis zum Triebstrang. Diese ist für sehr große Anlagen von entscheidender Bedeutung, um insbesondere die Kräfte und Momente der Bauteile abzumindern und sicher beherrschen zu können.

Mit dem Windangebot in der Nordsee könnte der gesamte europäische Stromverbrauch etwa 4-fach abgedeckt werden. Mit den heute üblichen Anlagengrößen im 2-MW-Bereich ist dies allerdings wirtschaftlich nicht darstellbar. Deshalb ist die Entwicklung von Windkraftanlagen der 5-MW-Klasse, die zu großen Windparks zusammengeschlossen werden können, insbesondere durch die in Europa erwarteten Offshore-Perspektiven, angestoßen worden.

Aus den oben genannten Gründen spielt Deutschland eine Vorreiterrolle beim Bau von Großanlagen der 5-MW-Klasse. Diese wurden bisher nur hier hergestellt und aufgebaut. Dabei kamen drei verschiedenartige Generator- bzw. Anlagenkonzepte für die weltweit größten Turbinen zum Einsatz (vgl. Kap. 5.5). Ihre Generator- und Umrichtersysteme ermöglichen eine gezielte Führung der Turbinendrehzahlen, die zwischen ca. 7 und 15 Umdrehungen pro Minute variieren.

Mit den Anlagen der Multi-MW-Klasse konnte das Leistungsvermögen im Vergleich zu kleineren Systemen enorm gesteigert werden. Mit einer Einheit dieser Größe können etwa 15.000 Menschen mit Strom versorgt werden. Dadurch wird in Zukunft der Ersatz älterer, kleiner Anlagen durch neue Großturbinen, ein sogenanntes Repowering, besonders interessant, wenn die Umgebungsbedingungen dies erlauben. Somit kann einerseits das Landschaftsbild durch wenige, langsam drehende Großturbinen wesentlich beruhigt und der Energieertrag erheblich (z. B. um den Faktor 3) gesteigert werden.

NUTZUNG DER WINDENERGIE

1.4 Anlagenmarkt

Während der 80er- bis in die 90er-Jahre dominierten Windkraftanlagen nach dem sogenannten „Dänischen Konzept" weitgehend den Markt, d. h. Turbinen mit Stallregelung, Getriebe und direkt an das Netz gekoppelte Asynchrongeneratoren. Nach wie vor dominieren heute noch Konzepte mit Getrieben. Mit zunehmender Anlagenleistung setzt sich jedoch ein deutlicher Trend zur Blatteinstellwinkelregelung in Kombination mit drehzahlvariablem Triebstrang fort. Die Netzankopplung erfolgt bei diesen Einheiten über Umrichtersysteme.

In der Klasse über 80 m Turbinendurchmesser sind 63 % der aufgestellten Anlagen mit Blatteinstellwinkelregelung und variabler Drehzahl [2] sowie 37 % mit Aktive-Stall-Regelung ausgeführt. Auch in der darunterliegenden Größenklasse ist der Trend zur blatteinstellwinkelgeregelten Turbine mit variabler Drehzahl erkennbar. Getriebelose Konzepte werden bisher weitgehend nur von einem Hersteller (Enercon) vertreten. Dieser konnte allerdings die größten Marktanteile in Deutschland erringen. Abb. 3 und 4 verdeutlichen die marktführende Position von Enercon vor Vestas. Mit wesentlich kleineren Anteilen folgen GE Energy (ehemals Tacke), Nordex, Siemens Wind Power, REpower Systems, DeWind, Fuhrländer und Gamesa. 2005 lieferten deutsche Hersteller etwa die Hälfte der rund um den Globus neu installierten Windkraftanlagen und erwirtschafteten etwa 5 Mrd. Euro.

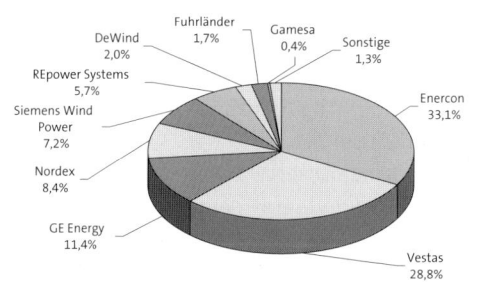

Abb. 3: Anteile der Anbieter an der gesamten in Deutschland installierten Windkraftanlagenleistung seit 1982, in % (DEWI – 8/2006 [2])

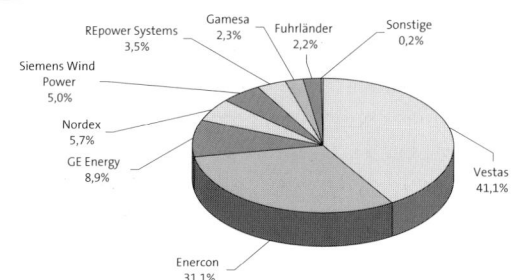

Abb. 4: Anteil der Anbieter an der gesamten im ersten Halbjahr 2006 in Deutschland installierten Windkraftanlagenleistung, in % (DEWI [2])

1.5 Windenergie und Stromnetze

Grundlage des Erfolges der Windenergie in Deutschland war das 1991 eingeführte Stromeinspeisegesetz, das die Pflicht zum Netzanschluss erneuerbarer Energien und z. B. bei Windenergie eine Einspeisevergütung von 90 % des Durchschnittstarifs der Endverbraucher festlegte. Dieses wurde im Jahr 2000 durch das Erneuerbare-Energien-Gesetz (EEG) abgelöst. Mit der Novellierung des EEG wurde 2004 die zukünftige Vergütung der eingespeisten Energie aus Windkraftanlagen fortgeschrieben. Die hier gesetzlich geregelten Einspeisetarife erschweren allerdings eine Erschließung windschwacher Binnenland-Standorte. Durch diese Regularien und aufgrund der zunehmenden Erschließung windhöffiger Küsten-Standorte ist mit weiterhin sinkenden Aufstellungszahlen zu rechnen. Die Entwicklung in den Jahren 2004 / 2005 belegt dies.

Die bisherigen Übertragungs- und Verteilungsnetze sind auf traditionelle Kraftwerkseinspeisungen und Verbraucheranforderungen ausgerichtet. Die Einspeisung der Windenergie kann daher nur bis zu einem gewissen Grad in die vorhandenen Netze erfolgen. Um die angestrebten Ausbauziele von heute 18 GW auf etwa 25 GW im On- und ca. 25 GW im Offshore-Bereich etwa 2025 erreichen zu können, wird deshalb ein Netzausbau erforderlich werden. Dabei müssen die hierzu notwendigen, überaus langen Planungs- und Genehmigungsphasen zur Umsetzung berücksichtigt werden. Mit dieser Windenergieeinspeisung sollen ca. 10 % des Stromes an Land und etwa 15 % auf See erzeugt werden.

Erstmalig haben sich 2004 sowohl die Windenergieverbände als auch die Netzbetreiber unter Federführung der Deutschen Energie-Agentur (dena) zur Durchführung einer umfangreichen Netzstudie entschlossen. Hierbei wurden insbesondere die Auswirkungen eines weiteren Ausbaus der Windkraft unter Berücksichtigung der geplanten Offshore-Windparks und der hierfür erforderliche Netzausbau untersucht. Darüber hinaus werden in Forschungs- und Entwicklungsvorhaben die Möglichkeiten und Betriebsführungs- sowie Regelungsstrategien zur Zusammenführung und Übertragung der elektrischen Energie aus Offshore-Windparks sowie die Einkopplung in bestehende und neu aufzubauende Netze an Land eingehend betrachtet.

Die Netzanbindung von Windkraftanlagen wurde bisher durch die Netzanschlussregeln so gestaltet, dass bei Netzunregelmäßigkeiten (z. B. Frequenz- oder Spannungsschwankungen) ein sofortiges Trennen der Anlagen vom Netz verlangt worden war. Aufgrund der hohen Installationszahlen wurde diese Forderung geändert, um bei Netzfehlern großräumige Netzausfälle zu vermeiden. Heute wird verlangt, dass neu installierte Windkraftanlagen kurze Netzausfälle im Sekundenbereich überbrücken und dadurch die Netze stützen müssen. Anlagen mit starr am Netz geführten Generatoren und Leistungsbegrenzung über aerodynamischen Stall-Betrieb haben somit bei einem weiteren Windenergieausbau in Deutschland keine Zukunftsperspektiven mehr.

1.6 Standorte

Die regionale Verteilung der Windenergienutzung in Deutschland ist in Abb. 5 wiedergegeben. Danach hat Niedersachsen mit 4.510 Windkraftanlagen (WKA) bzw. 4.907 MW WKA-Leistung die meisten Einheiten und die größte Leistung installiert. Die durchschnittliche Leistung pro Windturbine beträgt 1.088 kW/WEA. Mit nur 2.033 Windkraftanlagen nimmt Brandenburg mit 2.620 MW installierter Leistung Platz zwei in Deutschland ein. Die durchschnittliche Anlagengröße beträgt hier nahezu 1.289 kW.

Schleswig-Holstein und das bevölkerungsreichste Bundesland Nordrhein-Westfalen folgen auf Platz 3 und 4. Sie haben mit 2.740 bzw. 2.393 Windkraftanlagen 2.275 bzw. 2.225 MW etwa die gleiche Windkraftanlagenleistung installiert.

Sachsen-Anhalt hat mit 1.648 Anlagen enorme 2.193 MW Windkraftanlagenleistung den fünftgrößten Anteil in Deutschland aufgebaut. Hier erreicht die mittlere Anlagenleistung mit 1.331 kW den höchsten Wert. In Bezug auf die installierte Windkraftleistung folgen Mecklenburg-Vorpommern, Rheinland-Pfalz, Sachsen, Hessen und Thüringen sowie die wenig windbegünstigten süddeutschen Länder Baden-Württemberg und Bayern, das kleinste Flächenland Saarland sowie die Stadtstaaten Bremen und Hamburg.

Neben der installierten Windkraftanlagenleistung nehmen die Energieerträge bzw. die Jahresenergieeinspeisungen im Verhältnis zum Stromverbrauch eine bedeutende Rolle ein. Abb. 6 zeigt den Nettostromverbrauch (im Jahr 2005), den potenziellen Jahresenergieertrag aus den Windkraftanlagen sowie dessen prozentualen Anteil am Elektrizitätsverbrauch in den einzelnen Bundesländern und in Deutschland. Dabei wird der Jahresenergieertrag auf der Basis der installierten Leistung zum 30.06.2006 bei einem 100% Windjahr (Basis IWET V03) berechnet.

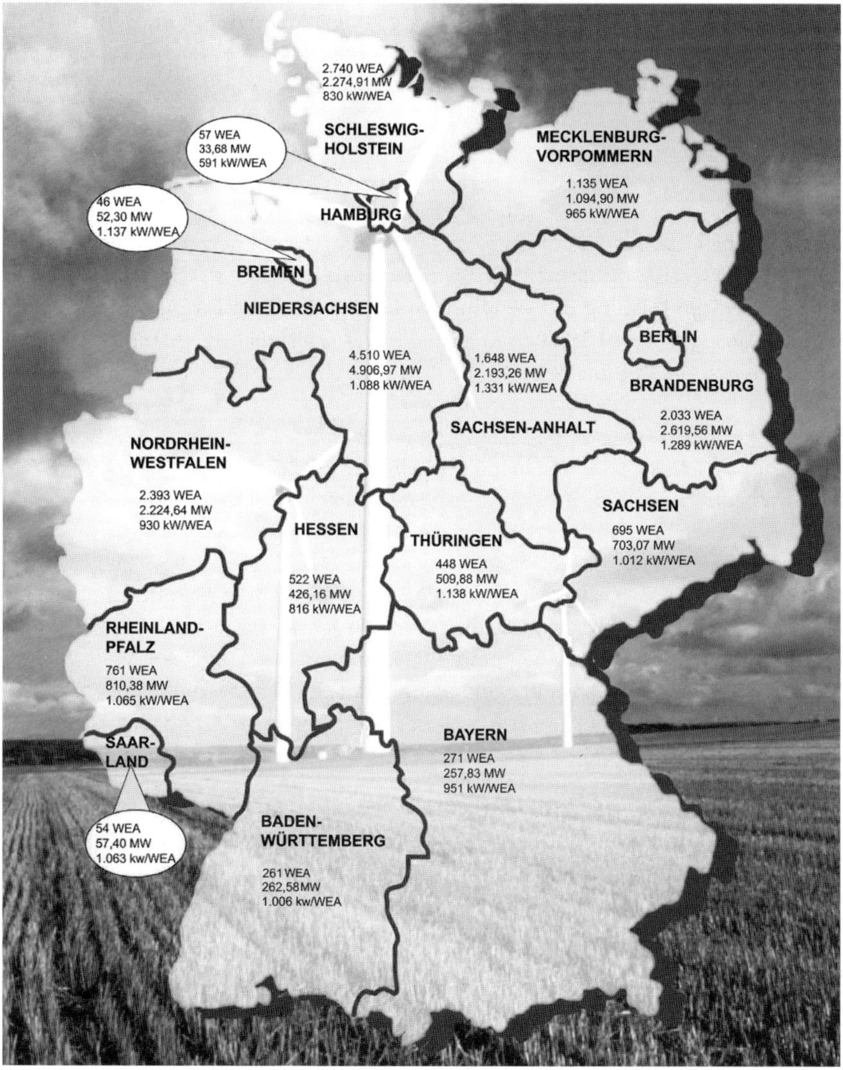

STAND UND PERSPEKTIVEN DER WINDENERGIENUTZUNG

SCHLESWIG-HOLSTEIN
2.740 WEA
2.274,91 MW
830 kW/WEA

HAMBURG
57 WEA
33,68 MW
591 kW/WEA

BREMEN
46 WEA
52,30 MW
1.137 kW/WEA

MECKLENBURG-VORPOMMERN
1.135 WEA
1.094,90 MW
965 kW/WEA

NIEDERSACHSEN
4.510 WEA
4.906,97 MW
1.088 kW/WEA

SACHSEN-ANHALT
1.648 WEA
2.193,26 MW
1.331 kW/WEA

BERLIN

BRANDENBURG
2.033 WEA
2.619,56 MW
1.289 kW/WEA

NORDRHEIN-WESTFALEN
2.393 WEA
2.224,64 MW
930 kW/WEA

HESSEN
522 WEA
426,16 MW
816 kW/WEA

THÜRINGEN
448 WEA
509,88 MW
1.138 kW/WEA

SACHSEN
695 WEA
703,07 MW
1.012 kW/WEA

RHEINLAND-PFALZ
761 WEA
810,38 MW
1.065 kW/WEA

SAARLAND
54 WEA
57,40 MW
1.063 kW/WEA

BAYERN
271 WEA
257,83 MW
951 kW/WEA

BADEN-WÜRTTEMBERG
261 WEA
262,58 MW
1.006 kW/WEA

Abb. 5: Regionale Verteilung der Windenergienutzung in Deutschland [3]

NUTZUNG DER WINDENERGIE

Bundesland Federal State	Installierte Leistung bis 30.06.2006 Installed Capacity until 30.06.2006 MW	Potenzieller Jahres- energieertrag Potential Annual Energy Yield GWh	Nettostrom- verbrauch 2005 [3] Energy Consump- tion 2005 [3] GWh	Anteil am Netto- stromverbrauch Share on the Energy Consumption %
Sachsen-Anhalt	2.282,71	4.574	13.078	34,98
Schleswig-Holstein	2.289,76	4.733	13.636	34,71
Mecklenburg-Vorpommern	1.119,40	2.049	6.509	31,48
Brandenburg	2.863,46	4.913	18.426	26,66
Niedersachsen	5.089,17	9.612	50.679	18,97
Thüringen	565,88	1.033	10.983	9,41
Sachsen	724,22	1.258	18.788	6,70
Rheinland-Pfalz	882,78	1.453	26.714	5,44
Nordrhein-Westfalen	2.317,24	4.079	130.455	3,13
Hessen	440,96	694	37.314	1,86
Bremen	52,30	93	5.542	1,68
Saarland	57,40	100	7.729	1,29
Bayern	308,33	431	74.727	0,58
Hamburg	33,68	59	14.488	0,40
Baden-Württemberg	272,18	312	77.351	0,40
Berlin	0,00	0	13.381	0,00
Gesamte Bundesrepublik Total Germany	19.299,47	35.393	519.800	6,81

Abb. 6: Nettostromverbrauch, potenzieller Jahresenergieertrag aus Windkraftanlagen und dessen Anteil am Nettostromverbrauch in den einzelnen Bundesländern und in Deutschland (DEWI [2])

Abb. 6 verdeutlicht die Spitzenstellung von Sachsen-Anhalt beim Windenergieanteil am Nettostromverbrauch von 35 %. Es folgen Schleswig-Holstein (34,7 %), Mecklenburg-Vorpommern (31,5 %), Brandenburg (26,7 %) und Niedersachsen (19 %). Diese Darstellung zeigt weiterhin, dass Sachsen-Anhalt und Nordrhein-Westfalen (NRW) vergleichbare Windenergieerträge aufweisen. Beim direkten Vergleich sind dies jedoch in dem neuen Bundesland ein Drittel, in dem deutschen Industriezentrum NRW nur 3 % des Nettostromverbrauchs.

1.7 Wirtschaftliche Auswirkungen

Die Elektrizitätsversorgung wird momentan mit ca. 60 % von fossilen und mit etwa 30 % von nuklearen Energieträgern dominiert. Der Anteil der erneuerbaren Energien hat sich in den letzten Jahren durch die Windenergiesteigerungen von etwa 5 % auf ca. 10 % mehr als verdoppelt. Mit längerfristigen Perspektiven der Windenergie, die in der Größenordnung der momentanen Kernenergieanteile zu erwarten sind, wird die weitere Entwicklung der Windenergiekosten die Stromversorgung zunehmend beeinflussen. Entscheidende Faktoren sind dabei die Investitions- und die Betriebskosten sowie ihr Verhältnis zu den Energieerträgen bzw. die weiteren Kostendegressionen.

Eine Basis für die Kostenentwicklung stellen sogenannte Lernkurven dar [4]. Bei ihnen kommt der Effekt zum Ausdruck, wie mit zunehmender Anzahl von produzierten und betriebenen Anlagen die relativen Herstellungs- sowie die Energieerzeugungskosten zu Preisveränderungen führen. Dabei werden auch Inflationseinflüsse berücksichtigt.

Daraus folgt eine Reduzierung der Stromerzeugungskosten. Diese müssen allerdings unter dem Wert der Vergütung liegen, um einen wirtschaftlichen Betrieb zu erreichen.

Abb. 7 zeigt, dass aufgrund der Vergütungsdegression von Windkraftanlagen und dem Anstieg der Erzeugungs- und Bezugskosten ab dem Jahr 2015 die Windenergie günstiger als konventionelle Stromerzeugung sein wird.

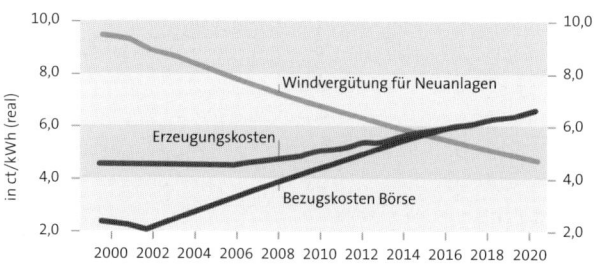

Abb. 7: Degressive Windstromvergütung und Preise konventionellen Stromes (Bundesverband Erneuerbarer Energien [5])

1.8 Arbeitsplätze

Die Windenergienutzung ist in Deutschland nach dem Boom der letzten 15 Jahre in eine Konsolidierungsphase eingetreten. Diese hat bereits ein Ausmaß erreicht, das sich grundlegend sowohl auf die Wirtschaft als auch auf den Arbeitsmarkt auswirkt. So hat sich die Windenergieindustrie inzwischen nach den Automobilherstellern zum zweitgrößten Stahlabnehmer in Deutschland entwickelt. Damit sind insgesamt etwa 70.000 Beschäftigte im Windbereich tätig. Davon arbeiten ca. 60.000 direkt oder indirekt in der Produktion. Mehr als 10.000 sind in der Planung, im Betrieb und der Wartung der Anlagen tätig [6].

Besonders die klassischen Branchen der Elektroindustrie sowie der Anlagen- und Maschinenbau konnten neue Aufgabenfelder erschließen. Diese liegen in der Herstellung von Getrieben, Generatoren sowie von Steuerungs- und Regelungstechnik. Zudem sind neue Arbeitsbereiche im Turmbau, der Rotorblattfertigung etc. entstanden. Neue Ausbildungs- und Dienstleistungsbereiche, z.B. für Service und Planung, wurden ebenfalls notwendig.

Die Arbeitsplatzeffekte im Bereich der Windenergienutzung sind – wie bei allen erneuerbaren Energien – wesentlich höher als in der konventionellen Energietechnik. Im Vergleich zur Stromerzeugung aus Kohle sind etwa 4-mal mehr Arbeitskräfte erforderlich, um die gleiche Energieproduktion zu erzeugen. Im Verhältnis zum Strom aus Kernenergie kann sogar mit ca. dem 10-fachen Faktor gerechnet werden.

Der gravierende Unterschied bei den Arbeitsplatzauswirkungen kann auf verschiedene Rahmenbedingungen und Effekte zurückgeführt werden. Im Vergleich zu Großkraftwerksanlagen mit GW-Systemen bilden Windkraftanlagen auch im MW-Bereich nur sehr kleine Einheiten, die relativ große Abmessungen aufweisen. Diese sind notwendig, um die verhältnismäßig kleine Energiedichte des Windes nutzen zu können. Daher ist der Bau- und Betriebsaufwand für diese Anlagen hoch und arbeitsintensiv.

Der Energieträger „Wind" steht jedoch kostenlos zur Verfügung. Dadurch entfallen die hohen Kosten für Energieimporte (Öl, Gas, Kohle, Kernenergie), die bei konventionellen Versorgungen notwendig sind. Die Wertschöpfung erfolgt direkt am Aufstellungsort der Windkraftanlagen und Arbeitsplätze entstehen zusätzlich. Da gute Windstandorte meist in strukturschwachen Gebieten Deutschlands an der Küste und im Binnenland anzutreffen sind, bieten sich hier gute berufliche Perspektiven. Es wird erwartet, dass diese Arbeitsplätze dauerhaft gesichert werden können.

1.9 Gute Gründe für die Windenergie

In den letzten Jahren war festzustellen, dass einige betroffene Bürger bzw. aktive Verbände die Installation und den Betrieb von Windkraftanlagen als störend empfinden. Die Hauptargumente sind Eingriffe in das Landschaftsbild, Schattenwurf bei tief stehender Sonne und Lärmerzeugung. In zunehmendem Maße spielt dabei auch die Tag- und Nachtkennzeichnung der Anlagen eine Rolle; 2004 wurde erstmals für alle Bundesländer einheitlich eine Richtlinie zur Kennzeichnung von Windkraftanlagen vom Bundesrat verabschiedet.

Die oben genannten Kritikpunkte gegen die Windenergienutzung gehen vielfach auf alt hergebrachte Vorurteile und Überlieferungen aus Fehlern bzw. falschen Einschätzungen in den Anfangsjahren der Entwicklung zurück. Intensivste Anstrengungen machten es möglich, diese Technologie innerhalb weniger Jahre von den „Kinderkrankheiten" zu befreien und an den überaus hohen Standard der elektrischen Energieversorgung heranzuführen. Heute ist die Windkrafttechnik in vielen Bereichen wie der Umrichtertechnik etc. technologischer Motor und Schrittmacher. Langfristig überwiegen die positiven Aspekte einer Windenergienutzung bei Weitem.

11 gute Gründe für die Windenergie

1. Die weltweiten Vorräte an Öl, Gas und Uran sind in etwa 50 Jahren erschöpft, die Reichweite der Kohle beträgt ca. 200 Jahre. Derzeitige Fördermengen sind darüber hinaus nicht beliebig steigerbar. Erneuerbare Energien sind dagegen unerschöpflich.

2. Die Verbrennung von Kohle, Öl und Gas setzt Kohlendioxid, Staub und andere Schadstoffe in der Atmosphäre frei, belastet damit die Umwelt und beeinflusst das Klima. Vermehrt auftretende Wetterkatastrophen sind die Folge. Die Entsorgung nuklearer Reststoffe aus Kernkraftwerken ist noch nicht gelöst. Die Herstellung, der Aufbau, der Betrieb und das Recycling von Windkraftanlagen haben sich dagegen zu einer eingrenzbaren und sicheren Technologie entwickelt.

3. Bei der „Verstromung" von Braunkohle werden 2- bis 3-fach größere Flächen benötigt und total verändert, als für die gleiche Elektrizitätsmenge pro Jahr aus 3- bis 5-MW-Windenergieanlagen erforderlich wäre. Dabei würden bei Windturbinen nur etwa 10 % der Fläche für Anlagen, Zuwege und Infrastruktur belegt. Der Rest kann weiterhin z.B. landwirtschaftlich genutzt werden.

4. Allein die Sonnenstrahlung auf die Erde übertrifft den momentanen Energiebedarf etwa 15.000-fach. Wasser- und Windkraft sind Teil dieser Energie. Sie haben große Tradition in unseren Kulturlandschaften.

5. Eine 1,5-MW-Windkraftanlage versorgt rund 1.000 Haushalte mit Elektrizität. Bis 2020 lassen sich in Deutschland mit dem Einsatz moderner Turbinentechnologie an Land knapp 10 % und im Meer gut 15 %, also zusammen etwa ein Viertel des Strombedarfs, decken.

6. Windkraftanlagen benötigen zur Gewinnung der für ihre Produktion und Entsorgung erforderlichen Energie etwa 3 bis 8 Monate, d. h., sie „ernten" etwa 25- bis 100-fach mehr Energie, als für ihre Herstellung etc. notwendig ist.

7. Elektrizität aus Windenergie trägt erheblich zu der von der Bundesregierung angestrebten Kohlendioxid-(CO_2)-Reduzierung bei. Bei der Stromerzeugung aus fossilen Energieträgern werden hingegen je Kilowattstunde (kWh) 2 bis 3 kWh Primärenergie verbraucht.

8. Windkraftanlagen wurden bisher hauptsächlich von Privatpersonen installiert und betrieben. Dadurch und aufgrund der hohen Zukunftserwartungen ist die Akzeptanz in der Bevölkerung überwiegend positiv.

9. Durch die Windenergie sind in der Hersteller- und Zulieferindustrie etwa 70.000 Arbeitsplätze entstanden. Die Arbeitsplatzeffekte sind im Vergleich zum Kohlestrom etwa 4-fach und im Vergleich zum Atomstrom ca. 10-mal höher.

10. Fossile und nukleare Energieversorgungen basieren auf Importen. Bei der Windenergie nimmt hingegen die regionale Wertschöpfung einen hohen Stellenwert ein. Dadurch ergeben sich insbesondere für den ländlichen Bereich neue zukunftsträchtige Perspektiven. Landwirte werden zu Energiewirten.

11. Deutsche Windkrafttechnologie hat am Weltmarkt einen Spitzenplatz erreicht. Um diesen behaupten zu können, müssen einerseits der Industrie und andererseits den Betreibern die erforderlichen Rahmenbedingungen gegeben werden, um große Exportmärkte erschließen zu können.

2 Windenergie international

Der Ausbau und die Nutzung der Windenergie, ihre Vergütungs- und Förderstrategien sowie ihre Entwicklungsmöglichkeiten sollen für Europa und die wichtigsten Länder der bevölkerten Kontinente Amerika, Asien und Australien im Folgenden ausgeführt werden. Unbevölkerte Arktis- bzw. Antarktis-Bereiche, die zwar hohe Windenergiepotenziale aufweisen, momentan allerdings kaum Nutzungsmöglichkeiten bieten, sollen außer Acht gelassen werden. Die europäischen und weltweiten Betrachtungen erschöpfend auszuführen, würde den Rahmen dieses Kapitels bei Weitem sprengen. Eingehende Darstellungen sind in [7] und weiteren Literaturangaben in diesem Kapitel wiedergegeben.

2.1 Situation in Europa

Der Anlagenmarkt wird europaweit von den dänischen und deutschen Herstellern dominiert. Deutsche bestimmen allerdings klar die Großanlagentechnik. Produkte aus den Traditionsländern der Windmühlen, Niederlande und Großbritannien, konnten sich trotz großer Anstrengungen nicht am Markt etablieren. Auch spanischen Eigenentwicklungen gelang dies nicht. Allerdings hat ein spanischer Hersteller über Lizenzverträge mit dem dänischen Weltmarktführer in den letzten Jahren große Marktanteile in Europa erringen können. Andere europäische Länder konnten nur nationale bzw. singuläre Erfolge erringen und blieben im Schatten der Marktführer weit zurück.

- **Nationale Vergütungs- und Förderstrategien**

Die Einspeisevergütung für Windenergie basiert in Europa im Wesentlichen auf drei Modellen, die sich in ihrem Erfolg grundlegend unterscheiden. Da der „deutsche Weg" bei der Einführung der Windenergie den größten Erfolg erzielt hat, folgen immer mehr Staaten diesem Beispiel. In den weiteren Ausführungen sollen die hauptsächlich angewandten Möglichkeiten zur Vergütung kurz dargestellt werden.

- **Renewable Energy Feed in Tariffs** (REFIT) schreiben Netzbetreibern vor, dass sie die Produzenten von Ökostrom bei ihrer Einspeisung mit einem festgesetzten Mindestpreis pro kWh entschädigen müssen. In Deutschland und Dänemark war diese sogenannte Mindestpreisregelung die Basis für die Windenergieerfolge in den 90er-Jahren. Spanien, Österreich und Italien folgten. In diesen Ländern sind demzufolge auch die 24 großen Windturbinenhersteller angesiedelt. Dänemark hat allerdings seit dem Regierungswechsel 2001 diese Regelung geändert und damit die Installationsraten im Land 2004 weitgehend zum Erliegen gebracht.

- Beim **Ausschreibungssystem** reichen Stromanbieter im freien Wettbewerb ihren Strompreis bei einer staatlichen Stelle ein. Den günstigsten Anbietern wird vom Staat ein festes Kontingent zur Stromerzeugung durch Windenergie gegeben. In Ländern wie Großbritannien, Irland und Frankreich (ist nach Redaktionsschluss zu REFIT übergegangen), die sich durch besonders hohe Windenergiepotenziale auszeichnen, scheint die Windenergieentwicklung durch dieses System allerdings gebremst zu werden. In diesen Ländern sind bis heute nur etwa 500 MW Windkraft installiert und lediglich zwei nennenswerte Hersteller anzutreffen. Hintergrund ist, dass sich nur finanzstarke Großkonzerne ein Engagement unter diesen Bedingungen leisten könnten. Mit einer langfristig angelegten Strategie lassen sich dann allerdings Markt und Preise beherrschen.

- **Green Certificates** verpflichten Energieversorgungsunternehmen, einen bestimmten Prozentsatz ihres Stromangebotes aus erneuerbaren Energien zu beziehen und durch grüne Zertifikate zu belegen. Der Prozentsatz ist variabel angesetzt. Er wird in vorgegebenen Perioden festgelegt und kann auf dem freien Markt gehandelt werden. Dieses System wird lediglich in den Niederlanden angewandt. Andere Länder diskutieren bzw. erproben ähnliche Regelungen.

- **Ausbauzustand und Entwicklungsrahmen in Europa**

Die Unterschiede in der Gesetzgebung und der Förderung zur Einführung der erneuerbaren Energien haben in Europa zu großen Unterschieden bei der Nutzung der Windenergie geführt. Die Länder an der Spitze sind Deutschland, Spanien und Dänemark. Die Niederlande, Großbritannien, Italien, Österreich und Portugal folgen.

Die installierte Windkraftanlagenleistung steigt in Europa jährlich um etwa 6 GW. Sie erreichte Ende 2005 ca. 40 GW [8]. Davon sind nahezu die Hälfte in Deutschland (18 GW) und ein Viertel in Spanien (10 GW) aufgebaut. Dänemark deckt mit knapp 3,2 GW Windanlagenleistung über 30 % seines Strombedarfs. Österreich, das auf große Wasserkrafttradition in der Elektrizitätsversorgung verweisen kann, kommt mit nahezu 0,9 GW Windkraft auf etwa den halben Stromanteil (3 %) von Deutschland.

In den nächsten Jahren muss mit starken Veränderungen bei der Versorgungssicherheit und den Brennstoffpreisen auf dem Energiemarkt in Europa gerechnet werden. Weiterhin kristallisieren sich klimatische Veränderungen und damit verbundene Folgeprobleme, die es für Europa und seine Mitgliedsstaaten zu lösen gilt, als eines der Kernthemen heraus. Bei stagnierendem ökonomischem Wachstum und rückläufigen Beschäftigungszahlen im Produktionsbereich wird sich europa- und weltweit ein zunehmend stärkerer globaler Wettbewerb entwickeln, der sich auch auf den Energiesektor auswirken wird. Diesen zukunftsfähig bzw. nachhaltig zu gestalten wird eine der wichtigsten Aufgaben der kommenden Jahre sein.

NUTZUNG DER WINDENERGIE

- **Ziele der Europäischen Union (EU)**
Die Windenergie-Ausbauziele in der EU wurden in den letzten Jahren immer wieder nach oben korrigiert. 1991 hielten Optimisten eine installierte Anlagenleistung von 25 GW bis zum Jahr 2010 für realisierbar. Bereits 1997 wurde die Zielgröße auf 40 GW, 2001 auf 60 GW und schon 2003 auf 75 GW korrigiert. Momentane Prognosen kommen für 2010 sogar auf 100 GW und für 2020 auf 230 GW Windanlagenleistung [9]. Diese beruhen auf Analysen der Technologieentwicklung der Windenergieindustrie, den Rahmenbedingungen bei der Förderung sowie dem anhaltenden politischen Willen auf lokaler, regionaler und globaler Ebene zur großtechnischen Nutzung der Windenergie. Europaweit würden damit 22 % des Stromes aus erneuerbaren Energien abgedeckt.

2.2 Nordamerika

Die folgenden Ausführungen über Nordamerika konzentrieren sich hauptsächlich auf die Vereinigten Staaten von Amerika (USA). Dabei fällt besonders Kalifornien die Vorreiterrolle zu. Weiterhin werden Besonderheiten anderer Bundesstaaten hervorgehoben. Kanada soll abschließend kurz Erwähnung finden.

- **Vereinigte Staaten von Amerika**
Das „Battle Pacific Northwest Laboratory" begann Ende der 70er-Jahre mit Unterstützung der Energiebehörde, das Windenergiepotenzial der USA zu ermitteln. Erste Ergebnisse wurden bereits 1981 veröffentlicht. Unter Berücksichtigung eines Klassifizierungssystems und Bereichen mit Konfliktpotenzial berechnete das „National Renewable Energy Laboratory" (NREL) einen Windenergieertrag von 700 Terawattstunden pro Jahr (TWh/a) aus mehr als 300 GW Anlagenleistung. Dies entspricht etwa 27 % des Strombedarfs bzw. 10 % des Gesamtenergieverbrauchs [10]. Momentan sind landesweit 16.800 Windkraftanlagen mit 6,6 GW Nennleistung installiert, die über 13 TWh Jahresenergieertrag liefern.

Anfang der 80er-Jahre setzte in den USA ein Windenergieboom ein, der in Kalifornien besonders stark ausgeprägt war. Ein kontinuierlicher Aufbau der Windenergienutzung konnte sich daraus jedoch nicht entwickeln, da eine stabile Gesetzgebung nicht vorhanden war.

Zwischen den einzelnen Bundesstaaten bestehen große Unterschiede in klimatischer und meteorologischer Hinsicht einerseits sowie in politischen Zielsetzungen andererseits. Somit konnte sich eine Anwendung der Windenergie auch nicht bundesweit gleichmäßig entwickeln. Grundsätzlich hat sich die Windenergienutzung auf den westlichen Teil konzentriert. Nachfolgend werden somit neben Kalifornien, Hawaii und Alaska auch die Bundesstaaten im mittleren und nördlichen Westen sowie Texas und New Mexico im Süden kurz betrachtet. Der „Production Tax Credit" (PTC) ist bundesweit geregelt und sieht 1,5 Dollar-Cent pro kWh vor. Dieser wurde 1992 eingeführt und ist seitdem bereits 3-mal ausgelaufen [8].

Kalifornien

Energieengpässe machten Anfang der 80er-Jahre im wirtschaftlich boomenden Kalifornien einen Ausbau der Stromversorgung notwendig. Große Umweltprobleme in den Ballungszentren, die unter anderem in Verbindung mit der Energieversorgung bereits bestanden, ermöglichten keinen weiteren Zubau von fossil befeuerten Kraftwerken. Kernkraftwerke konnten in der Erdbebenregion am San Andreas Graben ebenfalls keine Abhilfe schaffen. Erneuerbare Energien sollten daher Vorrang erhalten. Dazu wurden entsprechende gesetzliche Rahmenbedingungen geschaffen. Sie umfassten sowohl bevorzugte Netzeinspeisebedingungen als auch hohe Abschreibemöglichkeiten bei Investitionen in erneuerbare Energiesysteme (Tax Credits). Dies führte Anfang bis Mitte der 80er-Jahre zu einem enormen Aufschwung in der Windenergie. Unter wirtschaftlichen Gesichtspunkten waren anfangs im Wesentlichen nur Anlagen der 50-kW-Klasse einsetzbar (Abb. 8). Ihre Weiterentwicklung zu seriengefertigten Einheiten größerer Leistung (Abb. 9) mit höherer Verfügbarkeit nahm eine stürmische Entwicklung.

Durch gesetzliche Änderungen kam es jedoch für den neu geschaffenen Absatzmarkt bereits Mitte der 80er-Jahre zu einem starken Einbruch. In der Zwischenzeit hat sich der Markt stabilisiert. Mit ca. 16.000 Windkraftanlagen wurden in relativ kurzer Zeit in den 80er-Jahren etwa 1,5 GW installiert, die nahezu 2 TWh Windstrom pro Jahr in das Netz einspeisten. Kalifornien hat sich so zum Pionierstaat der Windenergie entwickelt. Dieser Stand konnte bis in die 90er-Jahre gehalten werden.

Abb. 8: Windfarm in Kalifornien mit Anlagen der 50- / 100-kW-Klasse

NUTZUNG DER WINDENERGIE

Abb. 9: Windfarm in Kalifornien mit 250-kW-Anlagen

Heute sind in Kalifornien 12.000 Windkraftanlagen mit 2 GW Gesamtleistung installiert. Hauptstandorte sind Tehachapi, Altamont und San Gorgonio. Weitere Anlagen sind in Solano und Pacheco aufgestellt. Ziel ist es, in den nächsten 5 Jahren die Leistung zu verdoppeln [11]. Allein in Tehachapi sollen bis 2015 zusätzlich 4 GW installiert werden.

Hawaii

Die Hawaii-Inseln im Pazifischen Ozean weisen an einigen exponierten Standorten relativ hohe Windgeschwindigkeiten auf. Sie haben daher in der modernen Windenergietechnik ebenfalls eine große Tradition. 1980 bis 1982 wurde eine von vier MOD-OA-Windkraftanlagen-Prototypen mit 200 kW Nennleistung in Kahnku betrieben. Auch die MOD-5B mit 97 m Rotordurchmesser und 3,2 MW Nennleistung wurde auf der bevölkerungsreichsten Hawaii-Insel Oahu an der Nordküste gemeinsam mit 15 weiteren 600-kW-Westinghouse-Turbinen 1987 installiert. Etwa zur gleichen Zeit wurden an der Südspitze von Big Island 37 Mitsubishi-MWT-250/250 kW in Betrieb genommen. Momentan sind auf den Hawaii-Inseln 132 Anlagen mit 11 MW Windkraftanlagenleistung installiert [7]. Einzelanlagen und Windparks mit einer Gesamtleistung von 24 MW werden gebaut oder sind in der letzten Planungsphase [12]. Auf der Insel Maui sind 30 MW und auf Big Island 10 MW geplant. Für Oahu wird ein weiteres Projekt mit 39 MW untersucht [13].

Alaska

Der nördlichste US-Bundesstaat zeichnet sich einerseits durch hohe Windgeschwindigkeiten aus und ist andererseits von extremen klimatischen Bedingungen geprägt. In der polaren Region machen sich daher von der Fundamentierung bis zum Betrieb von Windkraftanlagen deutliche Unterschiede zum Einsatz in gemäßigten oder warmen Gebieten bemerkbar. In Bereichen ewigen Eises muss durch „Wärmeableitung" das „Eisfundament" bei genügend tiefer Temperatur gehalten werden. Weiterhin sind z. B. Sicherheitseinrichtungen und Rotorblätter vor Vereisung zu schützen sowie Getriebe und Hydrauliksysteme bei Stillstand durch Heizung der Öle gangbar zu halten.

Hauptstandorte von kleineren Windparks mit Anlagen der 10- bis 100-kW-Klasse sind Kotzebue nördlich und Wales direkt an der Beringstraße, der Meerenge zwischen Alaska und Sibirien, sowie die Insel St. Paul mitten im Beringmeer gelegen. Wie im Großteil des Staates bestehen an diesen Orten keine Straßenverbindungen. Schiffsverkehr ist nur wenige Monate im Jahr möglich. Fluganbindung ist überall üblich. Somit gestaltet sich der Brennstofftransport schwierig und kostenintensiv. Die Nutzung der Windenergie ist daher an diesen entlegenen Orten auch aus wirtschaftlicher Sicht sehr interessant, da hier mit etwa 50 Dollar-Cent pro kWh Stromerzeugungskosten gerechnet wird. Momentan sind in Alaska ca. 1,3 MW Windkraftanlagenleistung installiert. Weitere 0,7 MW sind geplant [14]. Nach [7] erreichen die für heutige Verhältnisse sehr kleinen Anlagen mit etwa 40 kW Durchschnittsleistung immerhin 3.000 Volllaststunden pro Jahr.

Mittlerer und nördlicher Westen
Im mittleren Westen sind Iowa und Minnesota führend.

	Windkraftanlagenleistung [MW]	
	installiert	geplant
Iowa	632	302
Minnesota	615	223
Kansas	114	180
Illinois	78	46
Wisconsin	53	200
South Dakota	45	50
Nebraska	14	60

Michigan und Ohio liegen hingegen unter 10 MW. Auch in den nördlichen Rocky Mountains ist die Windenergienutzung nicht sehr verbreitet [15].

In Wyoming wurden bereits Anfang der 80er-Jahre Untersuchungen zur Kombination von Wind- und Wasserkraft durchgeführt. Ziel war, im Winter vorwiegend die Wind- und im Sommer die Wasserkraft zu nutzen. Dazu wurden 1982 eine MOD-2B von Boeing mit 91 m Rotordurchmesser und 2,5 MW Nennleistung sowie eine schwedisch-amerikanische Gemeinschaftsproduktion WTS4 mit 80 m Rotor und 4 MW Leistung als Testanlagen in der Nähe von Medicine Bow aufgebaut.

Momentan sind in der Nähe dieses Standortes Windkraftanlagen mit nahezu 45 MW Leistung installiert. Insgesamt sind 285 Anlagen mit nahezu 300 MW aufgebaut, die etwa 650 GWh pro Jahr in das Netz liefern. Colorado und Oregon kommen mit jeweils ca. 190 Anlagen und 230 bzw. 260 MW Nennleistung auf 490 bzw. 520 GWh Jahresertrag. Im Staat Washington speisen 320 Turbinen bei 240 MW Leistung 530 GWh elektrische Energie in das Netz [7].

NUTZUNG DER WINDENERGIE

Texas und New Mexico
Der Ölstaat Texas weist mit 1.400 Anlagen und 1,3 GW nach Kalifornien die zweitgrößte Windleistung auf und liefert jährlich 2,9 TWh Stromertrag. New Mexico erzielt mit 200 Windkraftanlagen und 270 MW über 450 GWh Elektrizität.

- **Kanada**

Kanada hat eine Fläche von etwa 10 Mio. Quadratkilometern und nur knapp 33 Mio. Einwohner. 62 % des Stromes kommt aus der Wasserkraft. Die installierte elektrische Leistung beträgt 105 GW. Große Teile des Landes haben ein sehr hohes Windenergieangebot. Zur Unterstützung der Windenergie bestehen nationale Anreizprogramme sowohl zur Elektrizitätserzeugung als auch im Steuerrecht. Momentan sind 450 MW Windkraftanlagen aufgebaut. Langfristig existieren sehr gute Chancen für eine großtechnische Windenergienutzung.

2.3 Südamerika

Die Darstellungen über den südamerikanischen Teilkontinent werden sich im Folgenden auf die beiden größten Staaten mit hohem Windenergiepotenzial, Brasilien und Argentinien, beziehen.

- **Brasilien**

Brasilien ist 20-mal größer als Deutschland, hat über doppelt so viele Einwohner, aber nur etwa drei Viertel der bei uns installierten Kraftwerksleistung. Das Land bezieht über 70 % seiner elektrischen Energie aus Wasserkraft. Eine verstärkte Windenergienutzung könnte dies gut ergänzen. Dazu wurden landesweit bereits intensive Potenzialuntersuchungen durchgeführt. Weiterhin sind die momentanen Kraftwerksanlagen veraltet und neigen daher vermehrt zu Störungen. Ein Ausbau der Einspeisesysteme für die Windenergie ist daher unumgänglich.

Brasilien bietet somit beste Voraussetzungen für eine großtechnische Nutzung der Windenergie. Das Land hat momentan unter allen südamerikanischen Ländern die größte Bedeutung, obwohl derzeit nur 29 MW Windkraft-Anlagenleistung installiert ist. Diese soll durch das 2004 eingeführte „Renewable Energy Incentive Program" (PROINFA) in naher Zukunft gesteigert werden. Es sieht vor, die Installation von erneuerbaren Energieanlagen mit einer Leistung von insgesamt 3.300 MW bis Ende 2006 zu unterstützen. Davon entfallen 1.100 MW auf Windkraftanlagen. In diesem Zeitraum wird mit 1.350 MW gerechnet. Genehmigungen liegen bereits über 3.000 MW vor. In einer zweiten Phase sollen in 20 Jahren etwa 10 % der Elektrizität aus Wind-, Biomasse- und kleinen Wasserkraftanlagen abgedeckt werden [16].

- **Argentinien**
Im Süden Argentiniens sind weltweit wohl mit die höchsten Windgeschwindigkeiten anzutreffen. Eigentlich ideale Voraussetzungen zur Anwendung der Windenergie. Allerdings ist die Region Patagonien nur sehr dünn besiedelt. Der größte Teil der in Argentinien betriebenen 26 MW Windkraftanlagenleistung ist daher auch im Süden von Patagonien installiert. Für Überlegungen zur großtechnischen Anwendung der Windenergie, die eine „Erzeugung" in Gebieten mit höchsten Ertragspotenzialen und Energietransport über weite Strecken in Bevölkerungs- und in Industriezentren vorsehen [17], bietet diese Region beste Voraussetzungen für eine erfolgreiche Umsetzung. Langfristig könnte der Ausbau der Windenergie in Argentinien größte Bedeutung erlangen.

Der elektrische Energiemarkt ist bereits seit 1992 liberalisiert und somit in die drei Bereiche „Erzeugung", „Übertragung" und „Verteilung" der Elektrizität untergliedert. Somit haben im Prinzip alle Stromerzeuger freien und gleichen Zugang zum Netz.

Die „Argentine Wind Energy Association" hat ein Programm entwickelt, das Wasserkraft als Back-up-System für Windkraft vorsieht. Damit haben Windstromeinspeiser die Möglichkeit, nicht nur Energie, sondern auch gesicherte Leistung anbieten zu können. Argentinien deckt 39 % seines Strombedarfs aus Wasserkraft.

In einem Gesetz (Ley Nacional No 25019) ist die Stromerzeugung aus Solar- und Windanlagen zum nationalen Interesse deklariert worden. Es spezifiziert Subventionen und steuerliche Vorteile. Die Subventionen beinhalten 0,01 argentinische Pesos pro kWh, die über 15 Jahre bezahlt werden. Dies entspricht etwa 0,0026 € / kWh. Provinzgesetze sehen zusätzlich 0,005 argentinische Pesos pro kWh vor [7].

2.4 Asien

In Asien soll der Ausbau der Windenergie in den beiden bevölkerungsreichsten Ländern Indien und China, die nahezu die halbe Erdbevölkerung beherbergen, kurz vorgestellt werden. Weiterhin werden die Industrieländer Japan, Südkorea sowie das Inselreich Indonesien kurz angesprochen.

- **Indien**
Der indische Subkontinent mit 9-facher Fläche und 12-facher Bevölkerung von Deutschland hat etwa die gleiche installierte elektrische Leistung. 26 % des Stromes trägt die Wasserkraft bei. Mit 3,6 GW Windkraftanlagenleistung ist Indien fünftgrößter Windenergieproduzent der Welt. Große Windenergiepotenziale sind vor allem in den Küstenregionen anzutreffen. Das Ministerium für Nichtkonventionelle Energie hat sich zum Ziel gesetzt, bis März 2007 eine Windkraftleistung von 5 GW zu erreichen. Dazu sind Vorzugstarife für die Einspeisung und Vergünstigungen bei der Einkommensteuer vorgesehen [7].

NUTZUNG DER WINDENERGIE

Der große Windenergiemarkt hat in Indien dazu geführt, dass in die Windindustrie investiert wird. Bei der Herstellung von Windkraftanlagen werden bis zu 80 % im Land produziert. Importe sind damit weitgehend überflüssig. Bis 2012 sollen 10 % der durch die Industrialisierung benötigten Energie aus erneuerbaren Energien bezogen werden [8].

- **China**

Im bevölkerungsreichsten Land der Erde leben 1,3 Mrd. Menschen auf einer Landfläche von 9,6 Mio. Quadratkilometern. Die installierte elektrische Leistung beträgt 440 GW. Mit 108 GW werden etwa 25 % der Elektrizität aus Wasserkraft gedeckt. Der Strommarkt wurde 2003 liberalisiert. Prinzipiell haben alle Elektrizitätserzeuger freien Zugang zum Netz. Dieser unterliegt jedoch der Regierungskontrolle. Die Stromerzeugung ist für Investoren geöffnet. Die Einspeisetarife werden von den Preisbüros der Provinzen geprüft [7].

Berechnungen des Meteorologischen Instituts von China ergaben ein Windpotenzial an Land von 253 GW und auf See von 750 GW. Die windreichsten Regionen sind an der Südostküste, der inneren Mongolei, in Xingjiang, der Gansu-Provinz und im tibetanischen Quinghai-Plateau anzutreffen. Momentan beträgt die Windkraftanlagenleistung etwa 1 GW. Die Windkraftindustrie in China wächst ebenfalls. Bisher werden Anlagen unterhalb der MW-Klasse hergestellt. Die Produktion größerer Anlagen ist jedoch in Planung. Bis 2010 sollen 20 Windparks mit je 100 MW gebaut werden. Im Reich der Mitte sollen bis zu den Olympischen Spielen u. a. von den Olympiastätten in Peking aus, rotierende Windturbinen deutlich sichtbar Zeichen sauberer Energieproduktion setzen. Bis 2020 sind 20 bis 30 GW Windleistungsinstallation geplant [8].

- **Japan**

Das Reich der aufgehenden Sonne hat bei geringfügig größerer Landfläche als Deutschland etwa eine um die Hälfte größere Bevölkerung und mit 268 GW eine mehr als doppelt so hohe installierte elektrische Leistung. 17 % des Stromes werden aus Wasserkraft gedeckt. Die momentan installierte Windkraftanlagenleistung beträgt etwa 1 GW [7].

Die Ankündigungen der japanischen Regierung, den Anteil erneuerbarer Energien zu steigern, haben in den letzten Jahren zu einer Weiterentwicklung der japanischen Windindustrie geführt. Diese wurde durch Zahlungen für die Energieeinspeisung und Kapitalzuschüsse vorangetrieben. Energie-Verkaufs-Verträge (power purchase agreements) mit 17 Jahren Laufdauer geben dabei den Investoren Sicherheit. Die Einführung des „Renewable Portfolio Standard" (RPS) im April 2003 sollte den Markt beleben. Bis 2010 werden 1,35 % vom Gesamtenergiebedarf aus erneuerbaren Energien erwartet. Auf die Windenergie sollen bis 2010 also 3 GW und bis 2020 etwa 12 GW installierte Leistung entfallen [8].

- **Südkorea**

Südkorea ist mit 99.000 Quadratkilometern und 46 Mio. Einwohnern doppelt so dicht besiedelt wie Deutschland. Die installierte elektrische Leistung beträgt etwa 55 GW. Nur 1,7 % davon entfallen auf Wasserkraft [7]. Die installierte Windleistung beträgt 72 MW [18]. Ein „National Basic Plan for Energy" sieht vor, den Versorgungsanteil erneuerbarer Energien an der Primärenergie von 3 auf 5 % bzw. am Stromverbrauch von 2,4 auf 7 % zu erhöhen [19].

Im Rahmen des „Renewable Energy R & D Basic Plans" wurde Ende 2003 in Südkorea das Ziel formuliert, bis 2011 eine Windkraftanlagenleistung von 2.250 MW zu installieren [20]. Davon sollen möglichst große Anteile der Anlagen im Land produziert werden. Dazu werden momentan Windkraftanlagenentwicklungen vorangetrieben.

- **Indonesien**

Das Inselreich zwischen dem Indischen und dem Pazifischen Ozean hat eine Ost-West- bzw. Nord-Süd-Ausdehnung von etwa 5.000 x 3.000 km mit weit über 13.000 Inseln, von denen 10.000 besiedelt sind. 220 Mio. Menschen bewohnen eine Landfläche von knapp 2 Mio. Quadratkilometern. Die installierte elektrische Leistung ist mit weniger als 22 GW nur 20 % unseres Elektrizitätsaufkommens. Somit ist der Strombedarf insbesondere auf kleineren Inseln noch sehr hoch. Die jährliche Steigerungsrate liegt zwischen 8 und 10 %. Allerdings nehmen die nationalen Ölreserven rapide ab. Der Zwang zur Nutzung erneuerbarer Energien ist also groß.

Erste Windenergie-Aktivitäten gehen bereits auf den Beginn der 80er-Jahre bei der Luft- und Raumfahrtbehörde LAPAN zurück. Bisher wurden allerdings nur etwa 0,5 MW Windkraftanlagenleistung installiert. Die höchste Tarifkategorie 1 ist für Energieversorgung mit Wind-, Solar- und Miniwasserkraftanlagen vorgesehen. Die niedrigste Kategorie 4 wurde für Gas, Kohle und Öl festgelegt. Der staatliche Elektrizitätsversorger PLN plant, im Rahmen eines sog. PSKSK-Programmes von kleinen privaten Energieerzeugern Strom zu kaufen, die kein Öl als Energieträger verwenden.

Von LAPAN und anderen staatlichen Stellen werden Windenergie-Potenzialuntersuchungen durchgeführt, Nutzungsgebiete definiert und ein Windatlas für das Land erstellt. Damit werden wichtige Voraussetzungen für eine Verbreitung der Windenergie in Indonesien geschaffen. Dabei kommt einer Ausbreitung auf bisher nicht elektrifizierten Inseln große Bedeutung zu, um ein Abwandern besonders junger Menschen in die Slums der Ballungszentren zu vermeiden. Im Gegensatz zu den meisten anderen Ländern werden hier vorwiegend kleinere Windkraftanlagen zum Einsatz kommen.

2.5 Afrika

Auf dem afrikanischen Kontinent sollen für die drei nördlichen Staaten Marokko, Libyen und Ägypten sowie für Südafrika die Rahmenbedingung zur Windenergienutzung aufgezeigt werden.

- **Marokko**

Das Königreich mit einer sehr ausgedehnten Küste am Atlantik und westlichen Mittelmeer ist etwa doppelt so groß wie Deutschland, es hat aber nur ein Drittel unserer Bevölkerung. Die installierte elektrische Leistung beträgt ganze 4,7 GW. Davon basieren 27 %, also 1,3 GW, auf Wasserkraft und 65 MW trägt momentan die Windkraft bei [7].

Marokko verfügt über hervorragende Windbedingungen, die stellenweise sogar Jahresmittelwerte der Windgeschwindigkeit von 11 m/s und mehr erreichen. Das nutzbare Windenergiepotenzial überschreitet den elektrischen Energiebedarf bei Weitem. Langfristig bieten sich aufgrund der hohen Windenergieerträge und der großen zur Verfügung stehenden Landflächen gute Perspektiven zum Elektrizitätstransport in die EU [17]. Momentan steht jedoch in dem rohstoffarmen Land die Sicherung der eigenen Energieversorgung im Vordergrund des Interesses.

Die marokkanische Regierung plant, bis 2010 einen Windenergiebeitrag von 4 % zu erreichen [21]. Anteile von 5 % erscheinen jedoch durchaus realistisch. Bereits 2006 sollen zwei Windparks mit 200 MW fertiggestellt werden [22].

Bei der internationalen Bonner Renewables Konferenz 2004 präsentierte Marokko einen ambitionierten Ausbauplan. Bis 2020 sollen 20 % des Stroms aus „grüner Energie" gedeckt werden. Hierfür sollen 1,5 Mrd. US-Dollar investiert werden. Bei der Finanzierung setzt Marokko auf internationale Unterstützung und auf Mechanismen für umweltverträgliche Entwicklung (CDM). Dadurch sollen die Abhängigkeit von Ölimporten um 20 Mio. Barrel pro Jahr verringert und 11.000 neue Arbeitsplätze geschaffen werden [22].

- **Libyen**

In dem Ölland Libyen hat in den letzten Jahren ein Umschwung stattgefunden. Vor dem Hintergrund endlicher Ölreserven sollen in Zeiten hoher Erdölkonjunktur neue Energiequellen erschlossen werden. Ein erstes Windenergieprojekt wird gerade umgesetzt. Zwischen Tobruk und Benghazi wird zurzeit von dem staatlichen Stromversorger „General Electricity Company of Libya (GECOL)" eine 25-MW-Windfarm gebaut. Laut GECOL sollen in naher Zukunft 200 MW installiert werden. Ziel ist es, 6 % des libyschen Energiebedarfs durch regenerative Energien zu decken [23].

- **Ägypten**
Der Wüstenstaat zwischen Mittelmeer und Rotem Meer mit der Lebensader Nil beherbergt auf einer Fläche von 1 Mio. Quadratkilometern 78 Mio. Menschen, also nahezu die gleiche Bevölkerung wie Deutschland. Die installierte elektrische Leistung beträgt bescheidene 17,6 GW, also weniger als 15 % des deutschen Wertes. Immerhin 16 % trägt die Wasserkraft bei [7].

Ende 2005 sollte der endgültige Windatlas für Ägypten fertiggestellt sein, um Projektplanungen zu verbessern. Bei momentan etwa 300 MW installierter Windkraftleistung werden 800 bis 850 MW bis 2010 und 3.000 MW bis 2020 erwartet [7]. 2010 soll die Windenergie 3 % zur Stromversorgung beitragen [24]. Bis 2020 ist geplant, 24 % des ägyptischen Energiebedarfs aus regenerativen Energien zu decken [25].

- **Südafrika**
In dem Land zwischen dem Atlantischen und Indischen Ozean bewohnen 47 Mio. Einwohner eine Fläche von 1,2 Mio. Quadratkilometern. Die installierte elektrische Leistung beträgt 40 GW. Wasserkraftanlagen machen mit 600 MW 1 % aus [7]. Derzeit betriebene Windkraftanlagen haben nur eine Gesamtleistung von 3 MW, obwohl Windenergieanlagen zum Wasserpumpen am Kap der Guten Hoffnung große Tradition haben. Neben einem bereits fortgeschrittenen 5-MW-Projekt wurden Überlegungen zur Errichtung einer 20-MW-Windfarm angestellt. Weiterhin wird die Anwendung von kleinen Windkraftanlagen untersucht, die in Kombination mit Photovoltaik- oder Dieselanlagen bzw. an Mininetzen betrieben werden [21]. Am Primärenergieaufkommen sind im Wesentlichen durch die traditionelle Biomasse, d. h. Feuerholz zum Kochen und Heizen, die erneuerbaren Energien mit 10 % vertreten. Bis 2020 soll dieser Anteil auf 20 % verdoppelt werden [26].

2.6 Australien-Pazifik-Region

Auf dem fünften Kontinent kommen die beiden überaus windreichen und dünn besiedelten Staaten Australien und Neuseeland in Betracht. Exotische Inselreiche dieser Region, die zum Teil hervorragende natürliche Ressourcen sowie sehr große Entfernungen zu fossilen Energielieferanten aufweisen, bieten für regenerative Energieversorgungen ideale Voraussetzungen. Sie sollen hier jedoch nicht angesprochen werden.

- **Australien**
Auf 7,7 Mio. Quadratkilometern Landfläche wohnen nur 20 Mio. Menschen, d. h., auf mehr als der 21-fachen Fläche Deutschlands wohnt weniger als ein Viertel der Bevölkerung. Die installierte elektrische Leistung macht mit 43 GW ein Drittel des deutschen Wertes aus. Die Wasserkraft hat mit 7,3 GW immerhin einen Anteil von 17 %. Etwa 0,5 GW Windkraftanlagen sind aufgebaut [7].

NUTZUNG DER WINDENERGIE

Sehr hohe Windangebote und große verfügbare Flächen bieten hervorragende Bedingungen für eine großtechnische Windenergienutzung in den nächsten Jahren. Bisher war die Entwicklung aber nur schleppend vorangekommen. Die Eröffnung einer Produktionsstätte des größten dänischen Herstellers löste beträchtliche Erwartungen an den australischen Windenergiemarkt aus.

Bis 2010 soll eine Installation von 5 GW erreicht werden, wodurch 22.000 Arbeitsplätze in der Windindustrie entstehen könnten. 2020 wird mit 13 GW installierter Windleistung gerechnet [8]. Das „Australien Greenhouse Office" rechnet bis 2010 mit 9,5 TWh Stromeinspeisung pro Jahr aus den Regenerativen. Es ist zuständig für nationale Programme, die finanzielle Anreize zur Produktion und Nutzung erneuerbarer Energien betreffen. Weitere staatliche Programme unterstützen die Erneuerbare-Energien-Industrie sowie kleine, innovative Hersteller und die Elektrifizierung entlegener Gebiete etc. [7].

- **Neuseeland**
Den Inselstaat mit 286.000 Quadratkilometern Fläche bevölkern nur 4,1 Mio. Einwohner. Die installierte elektrische Leistung beträgt 8,5 GW. Über 61 % basieren auf Wasserkraft und 6,5 % auf Geothermie. Etwa 170 MW Windkraft sind aufgebaut [7]. Neuseeland hat sich bereits 1986 zur nuklearfreien Zone erklärt.

Durch das demografische und wirtschaftliche Wachstum steigt der Energieverbrauch in Neuseeland bis zu 6 % pro Jahr [27]. Gleichzeitig gehen die Vorräte des größten Öl- und Gasfeldes zu Ende und die Ölpreise auf dem Weltmarkt steigen. Dadurch werden Versorgungsengpässe befürchtet. Eine Überlastung der Elektrizitätsnetze, die vor allem im Nordteil der Südinsel bereits auftreten, lassen in zunehmendem Maße Komplikationen in der Energieversorgung erwarten.

Verschiedene Regionen der dichter besiedelten Nordinsel haben Jahresmittelwerte der Windgeschwindigkeit zwischen 9 und 10 m / s [7]. So hervorragende Windverhältnisse sind weltweit nur an wenigen Standorten anzutreffen. Windkraftanlagen erreichen damit durchaus 4.500 Volllaststunden pro Jahr. Das sind Ausnutzungsdauern, die im konventionellen Energieversorgungsbereich an die Werte von Mittellastkraftwerken herankommen, die bei 4.000 bis 6.000 Volllaststunden im Jahr liegen.

Das technisch nutzbare Windenergiepotenzial von etwa 100 TWh pro Jahr ist hier 2,5-mal größer als der momentane Elektrizitätsbedarf. Bisher wurden keine speziellen Richtlinien für die Windenergie in Neuseeland eingeführt, sie sind jedoch in den Gesetzen für Elektrizitätswirtschaft enthalten. Diese ist seit 1998 in die Bereiche „Netz" und „Energiehandel" mit unterschiedlichen Eigentümern untergliedert. Seit 2000 fördert die Regierung die erneuerbaren Energien.

3 Der Wind – seit 3.000 Jahren im Dienste der Menschheit

Von Winden getragen wurden bereits in der Antike die Grenzen der damals bekannten Welt erweitert. Nur mit der Anwendung neuester Techniken und mit Segelbooten konnten diese Herausforderungen bewältigt werden. Winde waren und sind bis heute Zeichen von Mobilität und Zerstörung zugleich.

Mit der technischen Nutzung des Windes konnten zu Wasser und zu Lande damals nicht gekannte Potenziale erschlossen und Arbeiten verrichtet werden, die alle vorher bekannten Möglichkeiten weit übertrafen.

3.1 Historische Anfänge der Windkraft

Die Ursprünge der Windenergienutzung gehen vor den Beginn unserer Zeitrechnung zurück und liegen im Nahen und Mittleren Osten. Überlieferungen über die Ursprünge zur Anwendung von Windmühlen sind allerdings sehr widersprüchlich. Ob die Anfänge von den Ägyptern [28], Mesopotamiern [29], Phöniziern, Griechen oder von den Römern herrühren, wird noch heute spekuliert. Sichere Überlieferungen und Funde von Windmühlen gehen auf das 7. bis 10. Jahrhundert in Afghanistan [29] und Persien [28] zurück.

Bei den damals bekannten Bauformen mit vertikaler Achse wurde das Prinzip der Widerstandsnutzung zur Umwandlung der Energie des Windes in Afghanistan und Persien angewandt (Abb. 10). Sie fanden vor allem im arabischen Raum Verbreitung.

Abb. 10: Persische Windmühle (Modell)

3.2 Pumpen und Mühlen im Mittelmeerraum und in angrenzenden Gebieten

Schon 1700 v. Chr. soll Hammurabi mit Windrädern die Ebenen Mesopotamiens bewässert haben. Auch im Mittelmeerraum fanden bereits im frühen Mittelalter Segelwindmühlen zum Pumpen von Wasser und zum Mahlen von Korn große Verbreitung. Diese Tradition wurde zum Teil bis in das 20. Jahrhundert in einigen Gebieten aufrechterhalten. In der Region Lassithi sind auf der Mittelmeerinsel Kreta bis in die heutige Zeit alte Segelwindmühlen anzutreffen.

Am Rande der Lassithi-Ebene stehen noch immer Getreidemühlen mit Segelwindrädern. Am Einschnitt eines Bergkammes sind sie in größerer Anzahl nebeneinander aufgereiht (Abb. 11). Alle Anlagen weisen in die gleiche Richtung. Die ersten Windmühlen dieser Art sollen bereits 200 vor Chr. im Orient betrieben und durch die Kreuzritter nach Europa gebracht worden sein. Einer Inschrift zufolge führten die Venezier 1211 nach Chr. diese Getreidemühlen in Kreta ein.

a) Renovierte Getreidemühle im Vordergrund und mehrere Mühlenreste im Hintergrund

b) Mehrere Getreidemühlen und Überreste

Abb. 11 a) + b): Segelwindmühlen zum Getreidemahlen auf Kreta
(Anlagen ohne Windrichtungsnachführung)

Auf der Lassithi-Ebene sollen bis in die 60er-Jahre des letzten Jahrhunderts über 10.000 Segelwindmühlen zum Wasserpumpen in Betrieb gewesen sein (Abb. 12). Diese Pumpenanlagen waren bzw. sind meist mit Wasserspeichern ausgestattet und bewässern Plantagen (Abb. 13). Bei hohen Windgeschwindigkeiten werden die Anlagen durch Reffen der Segel (Abb. 14) vor Überlastung und Zerstörung geschützt.

DER WIND – SEIT 3.000 JAHREN IM DIENSTE DER MENSCHHEIT

Abb. 12: Segelwindmühlen zum Wasserpumpen auf der Lassithi-Ebene auf Kreta

Abb. 13: Segelwindmühle zum Wasserpumpen mit Wasserbehälter

Abb. 14: Reffen der Segel einer Segelwindmühle (Kreta)

Neben anderen Regionen im Mittelmeerraum fanden Segelwindmühlen auch im Bereich der westlichsten Gebiete von Portugal (Abb. 15) große Verbreitung. Diese Anlagen werden bis in die heutige Zeit zum Mahlen von Getreide (Abb. 16) eingesetzt. Zum Schutz vor Überdrehzahlen sind an den Verbindungsseilen und Eukalyptusholz-Querträgern unterschiedlich große Tontöpfe aufgereiht. Diese erzeugen bei hohen Windgeschwindigkeiten auffällige Töne, die den Windmüller akustisch vor der Überlastung der Windmühle warnen. Um dies zu verhindern kann der Windmüller den Turmkopf der Anlage mithilfe einer Handwinde aus der Windrichtung drehen. Bei Abminderung der Windgeschwindigkeit oder bei Änderung der Windrichtung kann der Turmkopf anhand der Winde wiederum in die erforderliche Richtung gebracht werden.

Abb. 15: Segelwindmühle zum Mahlen von Getreide (Westportugal)

Abb. 16: Getreidemahleinrichtung im Inneren einer portugiesischen Segelwindmühle

Abb. 17: Richtungsnachführung und Überlastungsschutz einer portugiesischen Windmühle mithilfe einer Handwinde

Zum Wasserpumpen fand in den Niederlanden die Tjasker-Windmühle (Abb. 18) große Verbreitung. Ihre Flügelwelle ist um 25 bis 30° gegen den Himmel geneigt. Dadurch kann sie direkt mit einer archimedischen Schraube oder Wasserschnecke verbunden werden. Die Tjasker-Windmühle wurde ausschließlich zur Entwässerung in Gegenden mit kleinem Höhenunterschied eingesetzt [30]. Sie bildet den Übergang zur Bock- und Holländermühle, die im Folgenden aufgeführt werden sollen.

Abb. 18: Tjasker-Windmühle mit Archimedes-Schraube zum Wasserpumpen mit kleinem Höhenunterschied (Gööck [30])

Abb. 19: Bockwindmühle

3.3 Bock- und Holländerwindmühlen in Nordwesteuropa

Erste Nachweise über europäische Windmühlen gehen auf das Jahr 1180 zurück [31]. Vom Herzogtum Normandie ausgehend breiteten sich – wie Illustrationen und Beschreibungen belegen – die ersten europäischen Windmühlen, ähnlich den Konstruktionen von Bockwindmühlen, rasch bis in den Süden Englands und nach Flandern aus. Bockwindmühlen (Abb. 19) fanden im nordwesteuropäischen Raum aufgrund ihrer genialen Ausführungen breite Anwendung [32]. Ihren Unterbau bildet ein starrer hölzerner Bock. Auf ihm ist das hölzerne Mühlenhaus drehbar gelagert. Mit einem Stertbalken wird das Maschinenhaus mitgeführt.

Bock- oder Ständermühle

Kokermühle

Paltrockmühle

Holländermühle

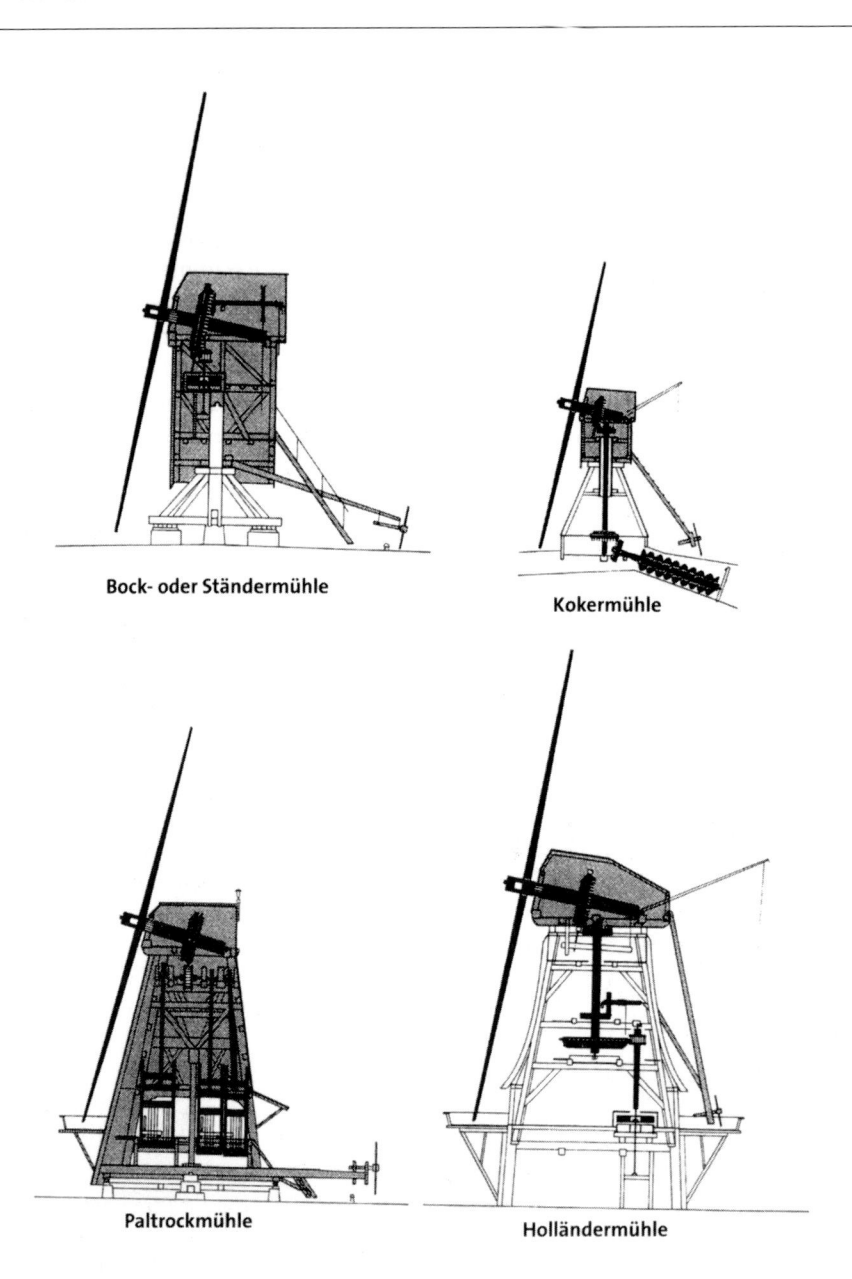

▓ drehbarer Teil der Mühle

Abb. 20: Rotierende Bereiche (schwarz gefärbt) und drehbarer Teil (dunkel angelegt) von Windmühlentypen: a) Bock- oder Ständermühle, b) Kokermühle, c) Paltrockmühle, d) Holländermühle (Tacke [32])

Bockwindmühlen wurden schon sehr früh mit einem Aufzug ausgestattet. Durch die Möglichkeiten, die Flügelsegel bei Sturm reffen und das Mühlenhaus der Windrichtung nachführen zu können, waren die Bockwindmühlen an die in Nordeuropa herrschenden klimatischen Verhältnisse bestens angepasst. Dadurch konnten sie sich in den folgenden Jahrzehnten und Jahrhunderten bis Finnland, Russland sowie in den nördlichen Balkan ausbreiten.

Die Notwendigkeit, weite Landstriche unter Meeresniveau in den Niederlanden zu entwässern, führte zur Entwicklung der Wipp- oder Kokermühle. Sie ermöglichte es, erstmals die Antriebskraft der Mühle in Bodennähe zu führen und eine Pumpe anzutreiben. In Mühlen konnte das Mahlwerk in den feststehenden Unterbau verlegt und das Mühlenhaus wesentlich leichter gebaut sowie besser in Windrichtung geführt werden. Abb. 20 verdeutlicht mit den dunkel angelegten, drehbaren Teilen den Wandel von der Bock- oder Ständermühle über die Koker- oder Wippmühle und Paltrockmühle zur Holländermühle.

Die Entwicklung nach Abb. 20 hat dazu geführt, dass die Windkraft bzw. deren Drehmoment auf den Sockel geführt werden konnte. Dadurch war es möglich, die Paltrockmühlen (um 1600) auch zum Sägen von Holzstämmen einzusetzen. Dieser Fortschritt sicherte den Niederländern lange Zeit eine Monopolstellung bei der Herstellung von gesägtem Holz. Es wurde hauptsächlich nach England, Frankreich und Flandern exportiert. Hauptabnehmer waren Werften.

Ebenfalls um ca. 1600 realisierte der holländische Ingenieur und Mühlenbauer Jan Adrianz Legwater die erste Hollandmühle. Sie hatte nur noch eine drehbare Windmühlenkappe, in der nur die Flügelwelle mit dem Kammrad gelagert wurde – eine Idee, die bereits Leonardo da Vinci (1452 – 1515) skizziert hatte. Damit konnten wesentlich größere Mühlen gebaut werden. Durch die schlanke, konische Gestaltung der Mühlentürme wurde der Wirkungsgrad zusätzlich verbessert. Während bisherige Mühlen

Abb. 21: Holländerwindmühle

zwei bis drei sogenannte Pferdestärken oder PS (1,5 bis 2,2 kW) leisteten, erreichten die Holländermühlen zehn bis zwanzig PS, d. h. 7,5 bis 15 kW [31]. Nach [32] sollen mit Windmühlen bis 25 m Rotordurchmesser 25 bis 30 kW Leistung erreicht worden sein.

NUTZUNG DER WINDENERGIE

Die Windmühlen erreichten in Europa große Verbreitung. Im 19. Jahrhundert sollen mehrere hunderttausend in Betrieb gewesen sein [32]. Von nahezu 20.000 Windmühlen in der Blütezeit sind in Deutschland bis heute nur noch einige Hundert übrig geblieben.

3.4 Massenfertigung von „Westernrädern"

Mitte des 19. Jahrhunderts begann in Europa das Mühlensterben. Etwa zur gleichen Zeit startete in den USA die Entwicklung der sogenannten Windmotoren oder der amerikanischen Windräder.

Weite Teile der fruchtbaren Regionen Nordamerikas litten unter Wassermangel. Aus Europa eingeführte Bock- und Holländermühlen konnten dieses Problem nicht beseitigen. Der Mühlenbauer John Burnham erstellte 1850 einen Anforderungskatalog bzw. ein sogenanntes Lastenheft für einen automatischen Windpumpenantrieb. Der Mechaniker David Halladay setzte in kurzer Zeit die gestellten Anforderungen in eine erfolgreiche Konstruktion um. Nennenswerte Verkaufserfolge wurden allerdings erst nach 1870 erzielt. Halladay-Windturbinen erreichten große Berühmtheit und wurden weltweit exportiert. Weiterhin wurden für sie Lizenzen erteilt.

Als robusteste und beste Konstruktion erwies sich das Eclipse-Windrad von Leonhard Wheeler, das die größte Verbreitung erreichte.

Durch die Weltausstellung 1876 in Philadelphia erlangten die amerikanischen Windräder weltweite Aufmerksamkeit. Sie waren aus Stahl gebaut, mit einem auf einem Gittermast montierten Windrad aus ca. 20 gebogenen Blechflügeln und hatten eine vollautomatische Reguliereinrichtung, wie z. B. die Eclipsen-Regelung, die bei hohen Windgeschwindigkeiten das Windrad automatisch aus dem Wind dreht. Somit erforderten sie erstmals keinerlei Beaufsichtigung. Die Windräder hatten normalerweise einen Durchmesser zwischen drei und fünf Metern und erreichten damit bei einer Windgeschwindigkeit von etwa 7 m/s eine Leistung von 100 bzw. 200 Watt (W) [32]. Allerdings sollen sie auch vereinzelt mit Durchmessern von zehn Metern und mehr gebaut worden sein. Im 19. Jahrhundert sollen in den USA mehr als sechs Millionen dieser Anlagen betrieben worden sein [32], [33]. Damit bildeten sie für die damalige Zeit ein bedeutendes wirtschaftliches Potenzial.

Abb. 22: Amerikanisches Windrad

3.5 Begründung der Aerodynamik in der Windkrafttechnik

Bei der Auslegung der Flügel von Windmühlen orientierten sich die Mühlenbauer an Tabellen und Dimensionierungsrichtwerten. Diese wurden aus jahrhundertelanger Praxis gewonnen und als fundierte Erfahrungswerte festgehalten.

Die Aerodynamik erfuhr um die Jahrhundertwende durch Flugpioniere wie Otto Lilienthal entscheidende Impulse. Der Traum vom Fliegen verhalf der Aerodynamik zu einem ungeahnten Aufstieg. Sie wurde zu einer der bedeutendsten Wissenschaften im 20. Jahrhundert.

Der Däne Paul la Cour formulierte die wichtigsten Konstruktionsprinzipien vierflügliger Windmühlen. Der Amerikaner Thomas O. Perry konnte durch seine systematischen Untersuchungen und Flügelprofiländerungen erhebliche Leistungssteigerungen in Windmotoren erzielen.

Die dänischen Wissenschaftler Hans Christian Vogt und Paul la Cour konnten, durch ihre intensiven Beobachtungen in der Natur und im Windmühlenbau gestützt, mithilfe der Experimente des Ingenieurs Johan Irminger die sogenannte Saugtheorie in der Aerodynamik darstellen. Ihre Erkenntnisse in mathematischer Form zu begründen, gelang ihnen jedoch nicht. Dies war dem deutschen Strömungsforscher Albert Betz vorbehalten.

Der Mathematiker Felix Klein und der Strömungsmechanik-Experte Ludwig Prandtl begannen zu Beginn des 20. Jahrhunderts die Aerodynamik der Flugtechnik wissenschaftlich zu ergründen. Mit dem Bau des modernsten Windkanals seiner Zeit bereits im Jahr 1908 in Göttingen wurde die Aerodynamik – auch durch die Fliegerei unterstützt – in der Wissenschaft etabliert. Deutschland konnte dadurch eine weltweite Führungsposition auf diesem Gebiet einnehmen.

Als Leiter der „Aerodynamischen Versuchsanstalt" in Göttingen war es Albert Betz möglich, unter anderem die Richtigkeit alter Flügelformen zu begründen und neuartige Ansätze in der Aerodynamik zu entwickeln. Ihm gelang mit den Überlegungen zur idealen Strahltheorie [34] bereits 1920 die Aerodynamik der Windturbinen wissenschaftlich zu begründen und die maximale Turbinenleistung, die aus der im Wind enthaltenen Leistung geerntet werden kann, abzuleiten. Dieser als Betz'scher Faktor bekannte Maximalwert beträgt 16/27 oder 59,3 % der Gesamtleistung des Windes, hat heute noch seine Gültigkeit. Mit dem 1926 veröffentlichten Buch „Windenergie und ihre Ausnutzung durch Windmühlen" [35] stellte er die Windturbinen wissenschaftlich fundiert in allgemein verständlicher Weise dar. Damit waren die Grundlagen für die moderne Windkrafttechnologie geschaffen.

3.6 Neue Windkrafttechnologie

Die neue sowie moderne Windkrafttechnologie war und ist bis heute von dem Wunsch geprägt, Strom aus Wind zu erzeugen. Dazu muss die Turbine die Strömungsenergie der Luft in eine mechanische Rotationsenergie umwandeln und einen Generator antreiben. Generatoren benötigen jedoch zur mechanisch-elektrischen Energiewandlung möglichst hohe Drehzahlen. Diese waren jedoch mit herkömmlichen Windmühlen und „Westernrädern" nicht zu erreichen. Neue Anstöße wurden jedoch mit der Aerodynamik und Flugtechnik den Windkraftanlagen-Konstrukteuren insbesondere 1920 bis 1940 gegeben.

Die dänischen Ingenieure Poul Vinding und R. J. Jensen verbesserten Flügelprofile und konstruierten eine Windturbine ähnlich einem Flugzeugpropeller mit um ihre Längsachse drehbaren Flügeln. Damit konnte die Leistung erheblich gesteigert sowie diese durch Drehen der Flügel geregelt werden. Eine technische Umsetzung gelang Hans L. Larsen in den zwanziger Jahren.

Kurt Bilau begann 1920 eigene Anlagen mit neuartigen „Repeller"-Flügeln zu bauen, die im Windkanal (Göttingen, später Charlottenburg) getestet wurden. Sie sollen nach seinen Angaben Leistungsbeiwerte (Verhältnis von Turbinenleistung zu der im Wind enthaltenen Bewegungsleistung) von 40 % erreicht haben und lagen damit fast doppelt so hoch wie die La Cour'schen Klappensegler mit 21 %. Jedoch zerstörten die viel zu hohen Drehzahlen die Flügel.

Aus der Flugzeugtechnik stammende Ideen des Leichtbaus wurden 1925 von Grohmann & Paulsen (Rendsburg) erstmals in Form eines Schnellläufers umgesetzt. Drei oder vier sehr schlanke und leichte Flügel sollten eine 6- bis 8-fache Windmühlendrehzahl erreichen. Dadurch hervorgerufene Schwingungen und andere Schwierigkeiten zerstörten allerdings auch diese Anlage.

Ende der zwanziger Jahre führten einerseits Rohstoff- und Nahrungsmittelmangel und andererseits zunehmende Devisenprobleme in Deutschland zu verstärkten Autarkiebestrebungen. Dadurch lebte die Diskussion um die Struktur der Energie- bzw. Elektrizitätsversorgung auf. Hier kam wiederum die Windenergie ins Spiel, die sich bisher auf Turbinen der kW-Klasse konzentriert hatte.

Hermann Honnef stellte 1932 einen sensationellen Plan zum Bau von gigantischen Windkraftwerken mit 430 m Höhe und drei gewaltigen Turbinen mit bis zu 160 m Durchmesser und 60 MW Gesamtleistung vor. Zwei gegenläufige Turbinen sollten jeweils einen Teil des vorgesehenen Ringgenerators tragen, sodass der sonst übliche Statorteil dem Rotor entgegenläuft und somit die Relativgeschwindigkeit wesentlich erhöht (Abb. 23). Er wollte durch den Bau von 60 Höhenwindkraftwerken Deutschland mit billigem Strom versorgen.

Die Vorschläge von Franz Kleinhenz und dem Krupp-Direktor Schulhes gingen zunächst in eine ähnliche Richtung wie Honnefs Entwürfe. Teubert wollte hingegen eine Turbine hoher Schnellläufigkeit mit verstellbaren Flügeln versehen, geformt nach den neuesten Erkenntnissen der Aerodynamik. Die Großwindmühle sollte 100 bis 200 m Rotordurchmesser haben und mithilfe eines Drehstromgenerators die elektrische Energie in das Netz speisen. Das MAN-Kleinhenz-Projekt sah 1942 ein ähnliches Konzept mit 130 m Turbinendurchmesser und bis zu 300 m Turmhöhe vor. Einem normalen Generator mit 10 MW Nennleistung sollte ein Getriebe vorgeschaltet werden (Abb. 24). Von all diesen Großprojekten wurde jedoch keines umgesetzt.

Abb. 23: Höhenwindkraftwerk von Honnef (1932)

Abb. 24: MAN-Kleinhenz-Windkraftwerk (1942), 130 m Rotordurchmesser, 10 MW Nennleistung

Die erste wirklich große Windkraftanlage der Welt wurde von dem amerikanischen Ingenieur Palmer C. Putnam entworfen. Der Wasserturbinenhersteller S. Morgan Smith Company setzte die Pläne um. Für die Mitarbeit konnten damals bekannte Wissenschaftler und Techniker, wie zum Beispiel Theodore von Kármán, für die aerodynamische Auslegung gewonnen werden. Die sogenannte Smith-Putnam-Anlage mit 53,3 m Rotordurchmesser, 1.250 kW Nennleistung und 35,6 m Turmhöhe wurde 1941 auf dem Grandpa's-Knob-Hügel im Staat Vermont aufgestellt und bis 1945 betrieben. Die Turbine hatte zwei Rotorblätter, die aus rostfreiem Stahl hergestellt und im Lee eines Gitterturmes angeordnet waren. Ihre Drehzahl und Leistung wurden über eine hydraulische Blatteinstellwinkelverstellung geregelt. Die mechanisch-elektrische Energiewandelung übernahm ein Synchrongenerator. Ein Rotorblattbruch beendete den Betrieb. Die Reparatur sowie die Fertigung weiterer Vorserienanlagen scheiterten an der Finanzierung, da diese in etwa 50 % höhere spezifische Kosten aufwiesen, als für einen wirtschaftlichen Betrieb erforderlich gewesen wären.

Mit seiner Dissertation setzte Ulrich Hütter 1942 einen neuen Meilenstein in der Entwicklung der Windkrafttechnik. 1949 war er Mitgründer der „Studiengesellschaft Windkraft e. V.". Aus der Segelflugtechnik kommend, legte er als Ästhet großen Wert auf die Gestaltung seiner Konstruktionen. Seine grundlegenden Arbeiten in der Nachkriegszeit konnten die Windtechnik bis in die 80er-Jahre prägen.

Anfang der fünfziger Jahre wurden von Hütter entworfene Windkraftanlagen vom deutschen Hersteller Allgaier (Werkzeugbau GmbH in Uhingen) erstmals in einer Kleinserie von ca. 90 Exemplaren gebaut [36]. Sie wurden von ihm konzipiert, um vom öffentlichen Netz entfernt liegende Gehöfte mit Elektrizität zu versorgen. Die Turbinen mit 10 m Durchmesser wurden an Küstenstandorten mit 10-kW- und im Binnenland mit 6-kW-Generatoren ausgerüstet. Ihre drei aerodynamisch geformten Rotorblätter aus Stahlblech mit 5 m Länge waren um die Längsachse verstellbar, um die dem Wind entnommene Leistung regulieren zu können. Einige dieser Anlagen (Abb. 25) waren nach ca. 50 Jahren Betrieb noch voll funktionsfähig.

Abb. 25: Allgaier-Anlage, 6 bzw. 10 kW
Nennleistung, 10 m Rotordurchmesser

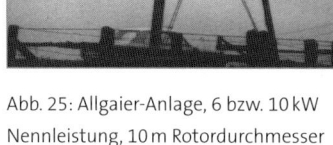

Abb. 26: Hütter-Anlage W34,
100 kW Nennleistung, 34 m Rotordurchmesser

Die Entwicklung einer wesentlich größeren 100-kW-Anlage von Hütter war richtungweisend (Abb. 26). Unter der Bezeichnung W34 wurde die Zweiblatt-Turbine mit 34 m Durchmesser 1958 auf der schwäbischen Alb bei Geislingen an der Steige zwischen Stötten und Schnittlingen aufgebaut. Zwei aerodynamisch ausgeklügelte Rotorblätter wurden als Leichtbauweise in Glasfaserverbundtechnik ausgeführt. Diese kam danach besonders im Segelflugzeugbau zur Anwendung. Die Anlage wurde nach zehn Jahren Betrieb wieder abgebaut und die Windenergieaktivitäten weitgehend eingestellt. Tiefstpreise fossiler Energieträger machten diese Technologie in den 60er-Jahren wirtschaftlich uninteressant. Der Schritt in die Phase der modernen Windkrafttechnologie der 80er- und folgenden Jahre, der eingangs in Abb. 1 umrissen ist, war mit dieser Entwicklung vollzogen.

4 Meteorologische und physikalische Grundlagen

Der Wind steht dem Nutzer als natürliche Energiequelle kostenlos zur Verfügung. Seine Urgewalt zu beherrschen, erfordert jedoch erhebliche Anstrengungen. Nur unter dem Einsatz von ausgereiften Technologien mit dem höchsten jeweils zur Verfügung stehenden Standard ist dies über Jahrhunderte gelungen.

Mittelwerte der Windgeschwindigkeit und ihre zeitlichen Verläufe weisen sowohl tägliche als auch jährliche Regelmäßigkeiten auf. Windkraftanlagen müssen allerdings zwischen Flauten und Stürmen alle Windgeschwindigkeiten beherrschen. Dadurch werden an die Komponenten und die Standfestigkeit der Anlagen hohe statische und dynamische Anforderungen gestellt. Weiterhin ist zu berücksichtigen, dass die Leistung bzw. die Energie, die eine Windturbine in einer bestimmten Zeit zu liefern vermag, mit der dritten Potenz der Windgeschwindigkeit ansteigt, d. h., eine 10 % höhere Windgeschwindigkeit führt zu etwa 30 % höherer Leistung und dementsprechend höheren Energieertrag.

Im Folgenden sollen, von den Vorgängen in der Erdatmosphäre ausgehend, die physikalischen Abläufe an der Turbine und ihre Einsatzbereiche mit den zu berücksichtigenden Rahmenbedingungen umrissen werden.

4.1 Bewegungsabläufe in der Erdatmosphäre

Die Erde ist von einer Lufthülle, der sogenannten Atmosphäre, umgeben, in der verschiedene physikalische Vorgänge das Wetter beeinflussen und Luftbewegungen hervorrufen.

Unterschiede in der Strahlungsbilanz der Erdoberfläche verursachen verschiedene Lufttemperaturen. Heiße Luft ist leichter als ihre Umgebung und steigt auf. An der Erdoberfläche entsteht ein Tiefdruckgebiet. Zum Ausgleich strömt Luft aus einer Hochdruckregion nach. Luftbewegungen von der leisesten Brise bis zu weltumspannenden Winden entstehen nach diesen Prinzipien und rufen eine andauernde Bewegung in der Atmosphäre hervor. Diese bewirkt einen ständigen Wärmeausgleich zwischen heißer tropischer und kalter polarer Luft. Dadurch bleiben die Temperaturgegensätze auf der Erde weitgehend erhalten.

Das Wetter und die Bewegungsvorgänge in der Atmosphäre werden durch verschiedene Faktoren beeinflusst. Die wichtigsten sollen kurz erwähnt werden. Temperaturänderungen bewirken Druckunterschiede und somit Kräfte auf Luftteilchen. Die Drehung der Erde und Zentrifugalkräfte der Luftmassen lenken die Winde ab. Das

Meer nimmt Wärme langsamer auf und speichert sie länger als das Festland. Meeresströmungen können ebenfalls Winde beeinflussen. Durch große Gebirgszüge werden großräumige Luftbewegungen abgelenkt.

- **Globale Luftströmungen und Winde**
Im Bereich des Äquators ist die Sonnenstrahlung auf der Erde am stärksten. In diesem Gebiet rund um die Erde steigt heiße, mit Feuchtigkeit gesättigte Luft auf und verursacht Tiefdruckgebiete. An der Erdoberfläche strömt Luft von Norden und Süden nach und bildet die Passate. Der Kreislauf dieser sogenannten Hadley-Zirkulation schließt sich etwa am 30. Breitengrad (Nord und Süd) in den großen subtropischen Wüstengebieten (Abb. 27). Dort sinkt die in 15 km Höhe polwärts strömende Luft auf die Erdoberfläche.

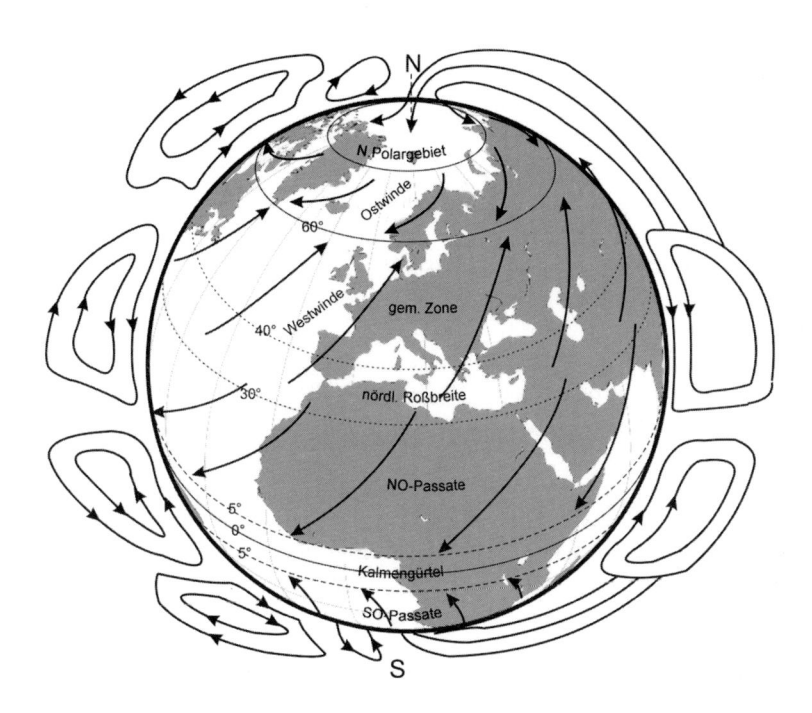

Abb. 27: Globales Zirkulationssystem der Erde

Durch die Erdrotation bewegt sich ein Ort bzw. auch die Luftmasse am Äquator mit ca. 1.600 km pro Stunde ostwärts. Nördlich und südlich gelegene Gebiete haben aufgrund des kleineren Abstandes zur Erdrotationsachse niedrigere Umlaufgeschwindigkeiten. Das bedeutet, dass eine Luftmasse durch diese sogenannten Corioliskräfte, z. B. bei ihrer Bewegung nach Norden auf der nördlichen Erdhemisphäre ostwärts und bei Strömung nach Süden westwärts, abgelenkt wird. Da Winde nicht nach ihrer Ziel-, sondern nach ihrer Herkunftsrichtung angegeben werden, kommen Passate auf der Nordhalbkugel in Bodennähe aus Nordosten und auf der Südhalbkugel aus Südosten. Jenseits des 30. Breitengrades lenkt die durch die Erdrotation hervorgerufene Corioliskraft die von den Tropen polwärts wehende Luft in Westwinde um. Die Polregionen sind von Ostwinden geprägt. Zwischen der Westwindzone und den polaren Luftmassen bilden sich in beiden Hemisphären schnelle, westwärts gerichtete Luftströmungen, die sogenannten Jetstreams.

Luftströmungen in großer Höhe, sogenannte geostrophische Winde, werden von der Bodenreibung nicht beeinflusst. Sie wirken jedoch auf die Windverhältnisse in der Nähe der Erdoberfläche ein. Diese sind für die Erträge und Belastungen von Windkraftanlagen maßgebend.

- **Lokale Winde**

Globale Luftströmungen und regionale Windsysteme bestimmen die lokalen Windverhältnisse. Die bekanntesten regionalen Winde sind die Land-See- und die Berg-Tal-Windsysteme.

Land-See-Winde entstehen primär durch unterschiedliche Charakteristika der Land- und Seeoberflächen. Wasser hat einerseits einen höheren Reflexionsgrad und andererseits eine höhere Wärmespeicherfähigkeit als die Erdoberfläche. Die schnellere Erwärmung der Landfläche führt bei Tag zu aufsteigenden Luftmassen, der sogenannten Thermik, die Winde vom See oder Meer zur Küste verursachen und als Seewinde bezeichnet werden. Bei Nacht kühlt die Erdoberfläche stärker ab und die großen Wassermassen halten die Wassertemperatur höher. Durch die darüber liegende Luft entsteht somit eine Windbewegung in Wasserrichtung, ein sogenannter Landwind.

Berg-Tal-Winde werden durch Unterschiede in der Sonneneinstrahlung hervorgerufen. Bei Sonnenaufgang erwärmen zunächst die Gipfel und Hänge und ziehen Luftmassen aus dem Tal nach sich. Es entstehen sogenannte Talwinde. Nachts kühlen die Gipfel schneller ab, während es im Tal länger warm bleibt. Die Luftmassen bewegen sich talwärts und es wehen Bergwinde.

METEOROLOGISCHE UND PHYSIKALISCHE GRUNDLAGEN

Auf die örtliche Windgeschwindigkeit hat die Rauhigkeit der Erdoberfläche entscheidenden Einfluss. Wassernähe und glatte Landflächen lassen für die Windenergienutzung günstige Verhältnisse erwarten. Baumbewuchs, Gebäude und Landschaftserhebungen beeinträchtigen dagegen die Luftströmung.

- **Geländeeinflüsse und Höhengradienten**
Je nach Rauhigkeit der Umgebung nimmt die Windgeschwindigkeit mit der Höhe über dem Grund unterschiedlich stark zu. Weiterhin wird dadurch die Verwirbelung, die sogenannte Turbulenz, beeinflusst. Näherungsweise kann die Windgeschwindigkeit v_{10} die z. B. in 10 m Höhe gemessen wurde, auf die entsprechende Größe v_N in Nabenhöhe h_N umgerechnet werden nach der Beziehung

$$v_N = v_{10} \left(\frac{h_N}{10\,m}\right)^a$$

Dabei lassen sich mit dem Hellmann-Exponenten $\alpha = 0{,}16$ für die Verhältnisse an Land gute Anhaltswerte für Windgeschwindigkeiten ab etwa 4 m / s erzielen. Bei Windturbinen muss je nach Position der Rotorblätter während einer Umdrehung z. B. oben mit höheren Windgeschwindigkeiten gerechnet werden als im unteren Bereich (Abb. 28).

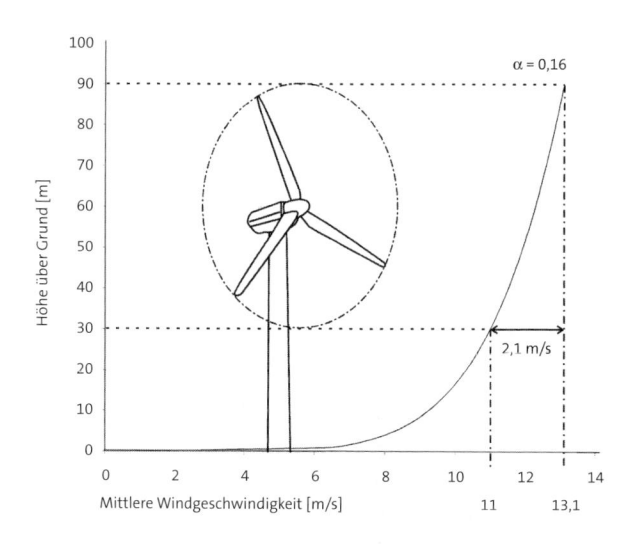

Abb. 28: Höhenprofil der Windgeschwindigkeit

4.2 Gebiete zur Windenergienutzung

Mittelwerte der Windgeschwindigkeit lassen Aussagen über Windverhältnisse und etwa zu erwartende Energieerträge zu. Dazu sind Messungen über möglichst lange Zeiträume, z. B. ein oder mehrere Jahre, oder entsprechende Hochrechnungen (Kap. 10.1) notwendig. Bei der Mittelwertbildung werden beispielsweise alle Messwerte addiert und durch die Anzahl der Messungen dividiert.

Abb. 29 verdeutlicht anhand von Jahresmittelwerten der Windgeschwindigkeit die Konzentration günstiger Windverhältnisse in Europa – im Hinblick auf deren Nutzung – im Nord- und Ostsee-Küstenbereich. Regionen am Atlantik (Schottland, Irland, Nordwestspanien, Frankreich) sowie teilweise am bzw. im Mittelmeer (Ostspanien, Südfrankreich, griechische Inseln) erreichen ebenfalls gute Windenergie-Einsatzmöglichkeiten. Auch Hochlagen im Binnenland können ähnliche Verhältnisse bieten (z. B. Nordspanien, Schottland).

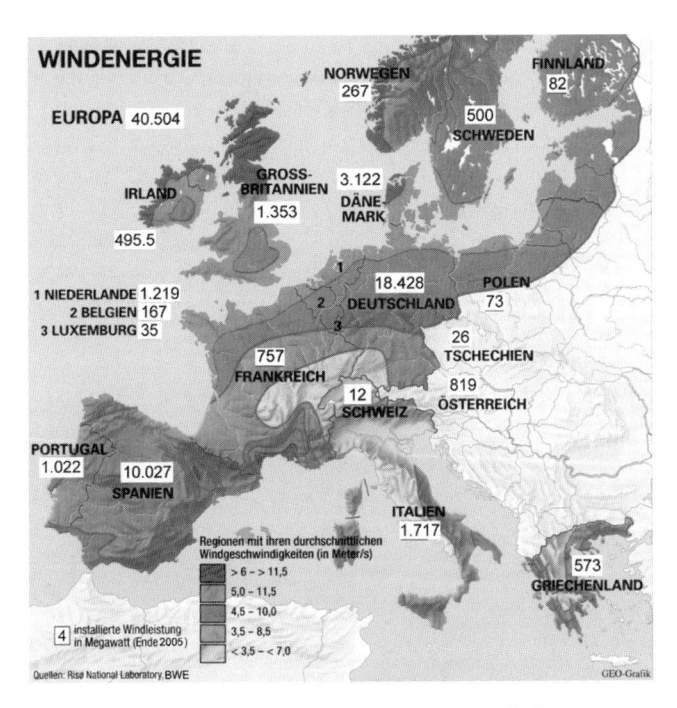

Abb. 29: Jahresmittel der Windgeschwindigkeit in Europa [37]

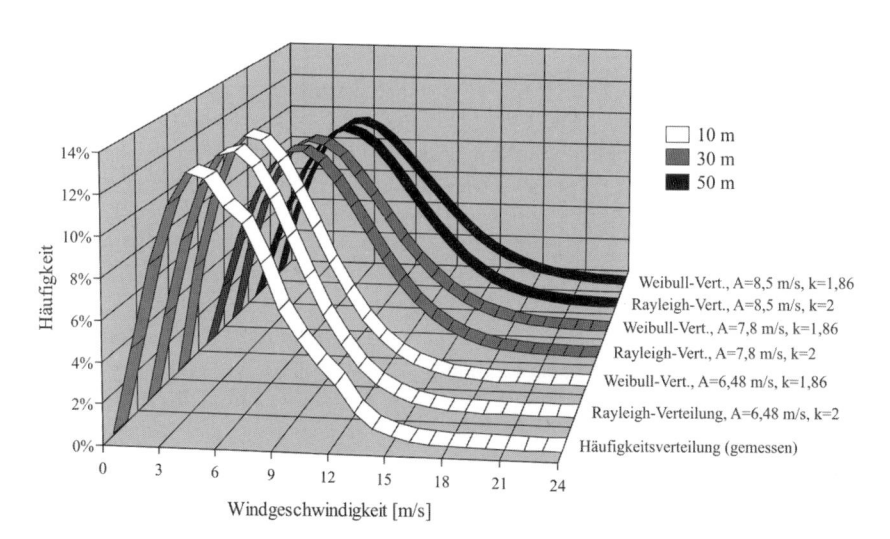

METEOROLOGISCHE UND PHYSIKALISCHE GRUNDLAGEN

Abb. 30: Messung der Häufigkeitsverteilung in 10 m sowie Berechnung der Rayleigh- und Weibull-Verteilung für 30 und 50 m Höhe (ISET) [38]

Für eine Standortbeurteilung ist die genaue Kenntnis der lokalen Windverhältnisse von grundlegender Bedeutung, da die Windkraftanlagenleistung und die Energieerträge der dritten Potenz der Windgeschwindigkeit proportional sind. Neben windklimatologischen Einflussfaktoren wie Geländeverlauf (Orographie), Oberflächenrauigkeit (Topographie) und Hindernisse in der Nähe des Standortes (mechanische Turbulenzen) bestimmten die Luftdichte, die Temperatur sowie die Sonneneinstrahlung (thermische Turbulenzen) den Verlauf und die Stärke des Windes.

Auf der Messung von lokalen Windverhältnissen in Nabenhöhe einer geplanten Anlage beruhende Energieprognosen liefern die genauesten Ergebnisse. Das Verfahren ist allerdings sehr zeitaufwendig und teuer. Bei heute üblichen Anlagengrößen ist eine Messung in Nabenhöhe (50 bis 100 m) aus Kostengründen und wegen des schwer handhabbaren großen Messmastes praktisch kaum realisierbar. Deshalb werden die Messungen von Windgeschwindigkeit und Windrichtung in niedrigeren Höhen (10, 20, 30 und 40 m) durchgeführt und rechnerisch auf die Nabenhöhe extrapoliert (Abb. 30). Dabei wird eine gemessene oder numerisch ermittelte Häufigkeitsverteilung der Windgeschwindigkeit durch eine analytische Funktion angenähert. Hierzu wird meist die Weibull-Häufigkeitsverteilung der Windgeschwindigkeiten bzw. der mathematisch einfachere Sonderfall der Rayleigh-Verteilungsfunktion verwendet. Messsysteme und weitere Verfahren zur Ermittlung von Windverhältnissen werden in Kapitel 10.1 näher vorgestellt.

NUTZUNG DER WINDENERGIE

Um jahreszeitliche Unterschiede zu berücksichtigen, ist bei Gebieten, für die keinerlei Daten vorliegen, mindestens ein Jahr Messdauer erforderlich. Darüber hinaus sind mittels Korrelation Abweichungen vom langjährigen Mittelwert, dem sogenannten Normalwindjahr, zu berücksichtigen. Dazu werden statistisch bereinigte Daten vieler Messstationen in der weiteren Umgebung herangezogen. Abb. 31 zeigt die deutlichen Unterschiede des gemessenen Jahreswindenergieangebotes sowohl zwischen den einzelnen Jahren als auch zwischen den vier aufgeführten Standortkategorien [38] während der zwölf dargestellten Jahre. An der Küstenlinie und auf Inseln, mit einer durchschnittlichen Leistung von 169 Watt pro Quadratmeter (W/m^2) in 10 m Höhe, ändern sich die Jahreswerte zwischen 210 W/m^2 (1994) und 131 W/m^2 (1996) (maximal) um etwa ± 15 %. In der Norddeutschen Tiefebene mit 83 W/m^2 bzw. 63 W/m^2 für bewaldete Bereiche wird diese Abweichung vom Mittelwert leicht überschritten. Im Mittelgebirge mit 103 W/m^2 mittlerer Windleistung erreichen die Jahresschwankungen sogar 20 % und mehr.

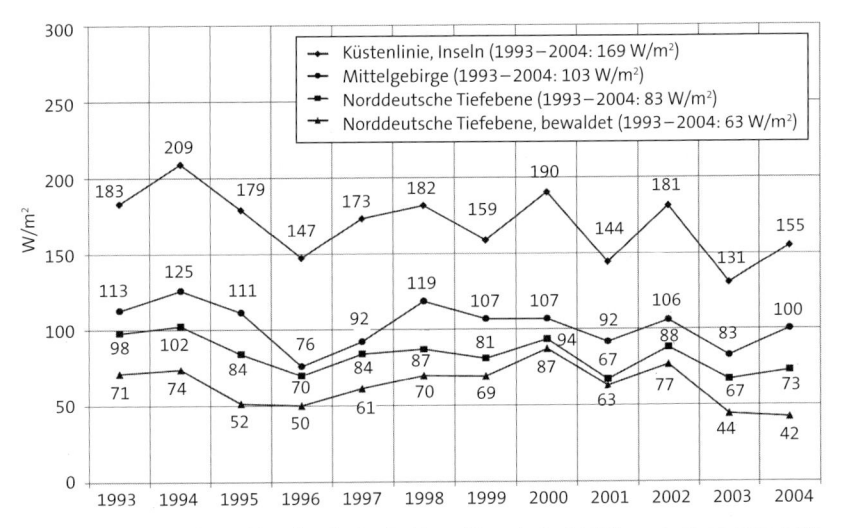

Abb. 31: Brutto-Windenergieangebot in den Jahren 1993 bis 2004 (Basis: WMEP-Messungen in 10 m Höhe – Windenergie-Report Deutschland 2005, ISET) [38]

- **Nutzung an Land**

Die Windverhältnisse an Land werden sowohl von globalen Luftströmungen als auch von den örtlichen Rahmenbedingungen bestimmt. Dabei haben die Geländeform und die Oberflächenbeschaffenheit sowie Hindernisse am Standort entscheidenden Einfluss. Küstenstandorte weisen im Allgemeinen über alle Jahreszeiten nahezu gleichmäßige Windgeschwindigkeiten auf, die im Winterhalbjahr höher als in der Sommerzeit sind. Binnenlandbereiche und insbesondere Gebirgsregionen sind hingegen von stark schwankenden Windverhältnissen und Turbulenzen geprägt. An Küstenstandorten können 50 bis über 100 % höhere Windenergieerträge als im Binnenland erwartet werden.

- **Nutzung auf dem Meer**
Überaus günstige Windverhältnisse sind vielfach auf dem Meer anzutreffen. Auf See kann im Allgemeinen mit hohen Mittelwerten der Windgeschwindigkeit und – aufgrund der meist glatten Wasseroberfläche – mit geringen Turbulenzen gerechnet werden. Damit lassen sich mit Windkraftanlagen im Meer hohe Erträge bei relativ niedrigen dynamischen Belastungen erreichen. Insbesondere im Nord- und Ostseeraum sind somit in Europa sehr große Offshore-Potenziale anzutreffen, die z. B. in Dänemark, Großbritannien und den Niederlanden die momentanen Elektrizitätsverbräuche bei Weitem übertreffen und in Deutschland etwa die Hälfte erreichen.

Zur Erschließung und wirtschaftlichen Nutzung dieser großen Offshore-Potenziale sind jedoch noch enorme Vorarbeiten zu leisten. Diese umfassen, von kostengünstigen und dauerhaften Fundamentierungen über die Installation, den Betrieb und die Wartung sowie die Netzanbindung und Führung der Windkraftanlagen im Meer, ein sehr weites Spektrum. Entsprechende Entwicklungszeiträume sind dazu notwendig. Demnach kann mit einer großtechnischen Nutzung der Windenergie im Meer erst ab 2010 gerechnet werden.

4.3 Energie aus dem Wind

Windturbinen beziehen ihre Energie aus den natürlichen Bewegungen der Luft. Die Energiedichte des Windes ist – gemessen an den auf konzentriertem Raum ablaufenden chemischen und physikalischen Prozessen in der konventionellen und nuklearen Energietechnik – relativ niedrig. Dementsprechend groß sind die Abmessungen von Turbinen bzw. Windrädern. Bei diesen entfallen allerdings gigantische Abbau- und Abraumflächen, die zum Beispiel beim Kohle- und Uranabbau notwendig sind. Ein hoher Bauaufwand zur Errichtung von Windkraftanlagen ist die Folge. Diese werden von den Turbinenblättern bis zum Generator auf eine Energieflussdichte von etwa 350 bis 500 Watt pro Quadratmeter Rotorkreisfläche ausgelegt. Jahresmittelwerte der Leistung von etwa 100 bis 150 Watt pro Quadratmeter bzw. Energieerträge von ca. 1.000 kWh pro Quadratmeter werden mit Windkraftanlagen vielfach erreicht und vor allem von großen Anlagen auch übertroffen. Rotierende mechanische Systeme – sogenannte Windräder oder Windturbinen – haben sich daher als die Anordnung mit der größten praktischen Bedeutung zur Umwandlung der Bewegungsenergie (kinetische Energie) des Windes erwiesen.

NUTZUNG DER WINDENERGIE

- **Prinzip der Energieumwandlung**

Die Energie kann der anströmenden Luft durch Turbinen mit Flächen unterschiedlicher Anzahl, Form, Größe und Kombination entzogen werden. Am häufigsten werden tragflügelähnliche Konstruktionen (Rotorflügel oder -blätter) verwendet, um die Strömungsenergie der Luft in mechanische Rotationsenergie umzuwandeln.

Die mit einer Geschwindigkeit v_1 ungestört anströmende Luftmasse m_L nach Abb. 32 mit temperatur- und druckabhängiger Luftdichte ρ_L und entsprechendem Luftvolumen V_L hat die Bewegungsenergie $W = \frac{1}{2} \cdot m_L \cdot v_1^2 = \frac{1}{2} \cdot \rho_L \cdot V_L \cdot v_1^2$. Der Energieentzug aus dem Wind erfolgt durch Verzögerung der Luftströmung. Dieser entnimmt die Windturbine den Anteil $\Delta W = W_T = \frac{1}{2} \cdot \rho_L \cdot V_L \cdot (v_1^2 - v_3^2)$, also die Differenz zwischen einströmender und abströmender Energie. Da bewegte Luftmassen nicht aufgestaut (oder gespeichert) werden können, muss das mit größerer Windgeschwindigkeit v_1 zuströmende Luftvolumen durch die Fläche A_1 nach Energieentzug am Windrad durch die Rotorfläche $A_R = A_2$ mit der Windgeschwindigkeit v_2 bei geringerer Windgeschwindigkeit v_3 durch eine entsprechend größere Fläche A_3 wieder abfließen. Dazu muss ein Teil der Bewegungsenergie der abströmenden Luft erhalten bleiben. Die Energiewandlung der Windturbine erfolgt durch Umlenkung der Luftströmung an den Rotorblättern, wodurch diese in Rotation versetzt werden. Die Vorgänge sollen anhand der Verhältnisse an einem Rotorblatt im Folgenden kurz erläutert werden. Weitergehende Ausführungen und Berechnungsmethoden sind z. B. in [1], [34], [35], [36], [39] und [40] dargestellt.

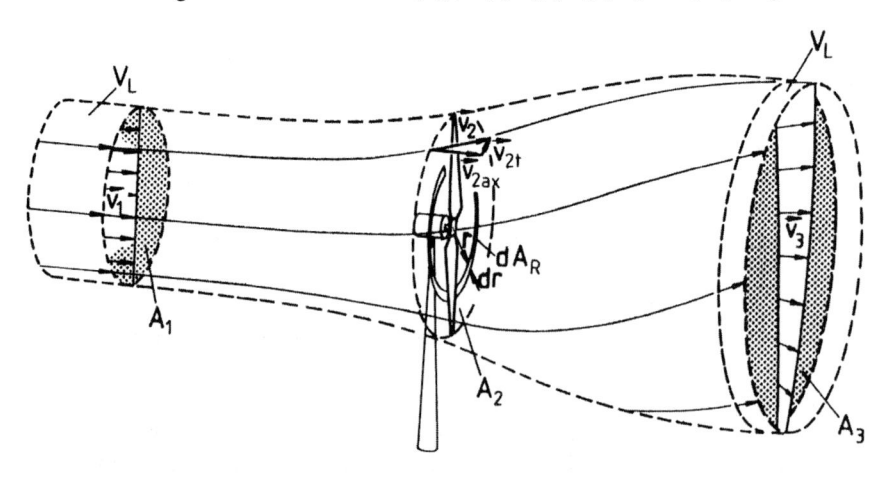

Abb. 32: Strömungsverlauf am Windrad

METEOROLOGISCHE UND PHYSIKALISCHE GRUNDLAGEN

- **Systematik und Aerodynamik von Windturbinen**

Die Umwandlung der kinetischen Energie des Windes zur technischen Anwendung ist mit verschiedenen Windradarten möglich (Abb. 33). Hinsichtlich der Bauform unterscheidet man zwischen Anlagen mit horizontaler und vertikaler Achse. Bezüglich der Art der Windenergieumwandlung wird unterschieden zwischen Konvertern, die den Widerstand an den Flächen der bewegten Teile bzw. den Auftrieb an den Flügeln nutzen.

Bei einer Windenergiewandlung durch reine Widerstandsflächen, z. B. Halbkugelschalen, Brettkonstruktionen und andere dem Wind entgegengesetzte Flächen, ist der Energieentzug aus der Luft geringer als bei auftriebnutzenden Windrädern. Der Einsatz dieser Windenergieanlagen beschränkt sich wegen niedriger Drehzahlen im Allgemeinen auf mechanische Antriebe. Die Konstruktionen sind überwiegend einfach und sehr massiv ausgeführt und können maximal etwa 20 % der in der Luft enthaltenen Strömungsenergie entziehen.

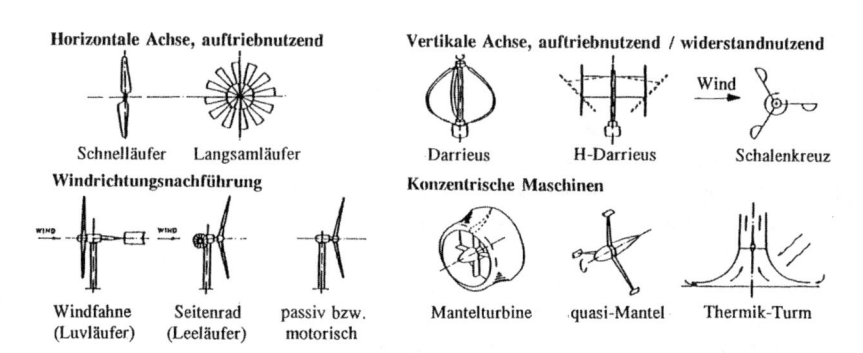

Abb. 33: Systematik der wichtigsten Windräder

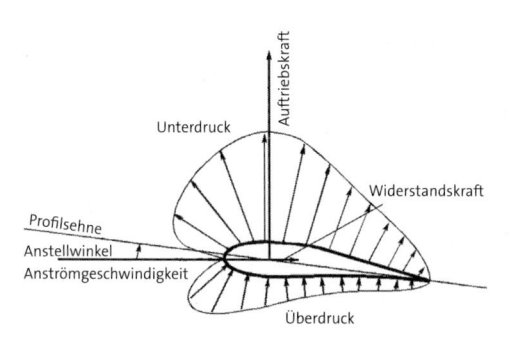

Abb. 34: Luftkräfte an einem umströmten Tragflügelprofil

Die meisten Windräder – sowohl mit horizontaler als auch mit vertikaler Achse – werden so konstruiert, dass sie die Auftriebskraft nutzen. Der Auftrieb entsteht durch die Luftanströmung am Rotorflügel. Der Luftstrom an der Flügelunterseite erzeugt einen Überdruck, an der Oberseite entsteht ein Sog (Unterdruck). Beides zusammen bewirkt den Auftrieb und damit unter Berücksichtigung des Widerstandes die Drehung des Rotorflügels (Abb. 34).

NUTZUNG DER WINDENERGIE

Am Rotorblatt bzw. an einzelnen Profilsegmenten (Abb. 35) wirkt die resultierende Anströmgeschwindigkeit v_{RES}. Diese wird aus der vektoriellen Summe der bereits verzögerten Windgeschwindigkeit an der Turbine $v_W = v_2$ und einer von der Rotordrehung herrührenden örtlichen Umfangsgeschwindigkeit v_U am Blattprofil gebildet. Sie wirkt der Rotordrehgeschwindigkeit entgegen ($v_U = - \omega R_{Rotor}$) und ist vom Blattradius abhängig, das heißt sie ist in Nabennähe klein und nimmt an der Blattspitze maximale Werte an. Somit müssen sowohl die Blattbreite, die allgemein als Blatttiefe bezeichnet wird und der Länge der Profilsehne im Blatt entspricht, als auch die Stellung des Blattprofils zur Rotationsebene oder zur Turbinenachse entsprechend dem Radius unterschiedliche Werte einnehmen (Kap. 5).

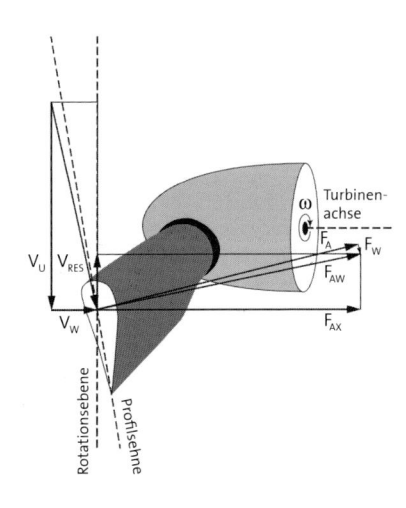

Abb. 35: Anströmgeschwindigkeiten und Luftkräfte an einem Auftrieb nutzenden Rotorblattsegment einer Windturbine

Der resultierenden Anströmgeschwindigkeit v_{RES} entsprechend wirkt am Rotorblatt in gleicher Richtung eine der Drehbewegung hemmend entgegenwirkende Widerstandskraft F_W. Die wesentlich größere Auftriebskraft F_A wirkt senkrecht zur Anströmgeschwindigkeit v_r. Beide Größen gemeinsam bilden die aus Auftrieb und Widerstand hervorgerufene Kraft F_{AW}. Ihre Komponente in tangentialer Richtung F_t bewirkt die Drehung des Rotors und bildet somit das Drehmoment am Blattsegment der Turbine. Die Kraft in axialer Richtung F_{ax} hat hingegen die Belastung und Biegung der Rotorblätter sowie Schubkräfte am Turmkopf mit entsprechenden Lasten im Turm und Fundament zur Folge.

Die Turbine entnimmt somit durch die rotierenden Blätter aus der bewegten Luft ihre Energie. Allerdings würde eine vollständige Abbremsung der Luftbewegung auf $v_3 = 0$ an der Turbine einen Luftstau verursachen. Somit wäre das Einströmen von Luftmasse verhindert und kein Energieentzug mehr möglich. Ein Auftrieb nutzendes Windrad kann nach Betz [35] der Luftströmung nur maximal 60 % der Energie bzw. der Leistung entziehen, wenn die Windgeschwindigkeit an der Turbine zwei Drittel bzw. weit hinter der Turbine ein Drittel der ungestörten Windgeschwindigkeit vor der Turbine beträgt. Die restlichen 40 % der Leistung müssen in der abfließenden Luft enthalten bleiben (Abb. 32). Infolge von Umwandlungsverlusten werden in der Praxis nur geringere Werte von etwa 45 bis 50 % erzielt.

Für Windräder werden daher nicht, wie beispielsweise für Wasserturbinen üblich, Turbinenwirkungsgrade angegeben, sondern es wird von Leistungsbeiwerten c_p ausgegangen. Diese Kenngröße gibt für aufgestellte Anlagen im Betrieb das Verhältnis der entzogenen zu der im anströmenden Wind enthaltenen Leistung an.

- **Kennwerte und Kennlinien von Windturbinen**

Eine Verzögerung der Luftbewegung nach Abb. 32 kann sowohl mit vielen langsam bewegten als auch mit wenigen, schnell rotierenden Blättern erfolgen. Einfache Holz- oder Blechkonstruktionen erlauben nur langsame Bewegungsvorgänge mit hoher Blattzahl (z. B. mehr als sechs). Entsprechend groß sind die zu übertragenden Drehmomente. Diese erfordern sehr massive Ausführungen. Wenige, schnell rotierende Blätter (z. B. eins bis drei) erreichen einen höheren Leistungsentzug und somit bessere Leistungsbeiwerte (Abb. 36). Diese werden allerdings nur durch gut ausgeformte Tragflügelprofile ermöglicht, die durch kleine Strukturfläche und geringe Wirbelbildung der Drehbewegung wenig Widerstand entgegensetzen. Dabei sind die zu übertragenden Drehmomente bei höherer Drehzahl entsprechend kleiner, was die Übertragungselemente äquivalent leichter zu gestalten erlaubt. Wesentlichen Einfluss auf die Drehmoment- sowie Leistungsgröße bzw. deren Beiwerte haben die Drehzahl oder die sog. Schnell-Laufzahl.

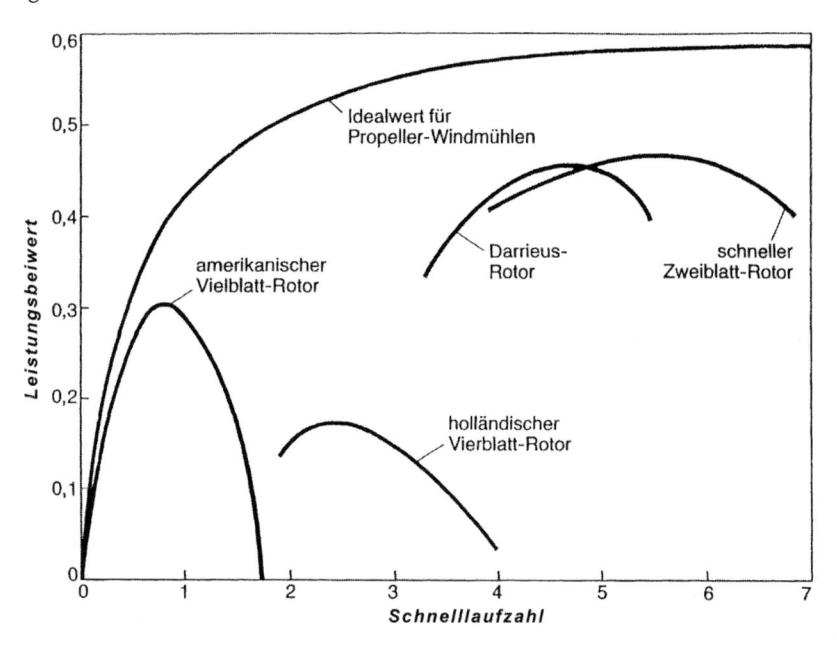

Abb. 36: Leistungsbeiwerte in Abhängigkeit der Schnelllaufzahl für verschiedene Windradtypen im Vergleich mit dem Idealwert [41]

NUTZUNG DER WINDENERGIE

Die Schnell-Laufzahl $\lambda = v_U/v_1$ gibt das Verhältnis zwischen der Umfangsgeschwindigkeit an der Blattspitze v_U und der Windgeschwindigkeit v_1 vor dem Windrad an. Durch die Umfangsgeschwindigkeit an der Blattspitze bzw. deren Maximalwert wird die Belastung der Rotorblätter mit bestimmt. Umfangsgeschwindigkeiten zwischen 50 und 120 m/s sind bzw. waren durchaus üblich. Sie sind für die Dimensionierung der Flügel sowohl von großen als auch von kleinen Anlagen maßgebend. Die Umfangsgeschwindigkeiten von marktführenden Windkraftanlagen liegen heute etwa zwischen 60 und 80 m/s. Bei drehzahlstarr betriebenen Anlagen werden Umfangsgeschwindigkeiten unter 70 m/s angestrebt, um die Rotorgeräusche möglichst niedrig zu halten. Da sich die Geschwindigkeit an der Blattspitze als Produkt von Radius und Umdrehungszahl der Turbine errechnet, ergeben sich für große Anlagen kleine Drehzahlen und umgekehrt. Daher erreichen kW-Anlagen ungefähr drei Umdrehungen pro Sekunde bzw. 180 Umläufe während einer Minute. Dagegen sind bei MW-Anlagen etwa in drei bis fünf Sekunden eine Umdrehung bzw. während einer Minute ca. 20 bis 12 Umläufe zu beobachten.

Der Leistungsbeiwert ist neben der Dreh- bzw. Schnelllaufzahl auch von dem Blatteinstellwinkel der Rotorblätter zur Drehebene des Windrades abhängig (Abb. 37). Erlaubt die Turbine eine Blatteinstellwinkelveränderung, so kann z.B. bei hohen Windgeschwindigkeiten der Leistungsbeiwert bzw. die Anlagenleistung an die gewünschte Größe angeglichen bzw. ausgeregelt werden.

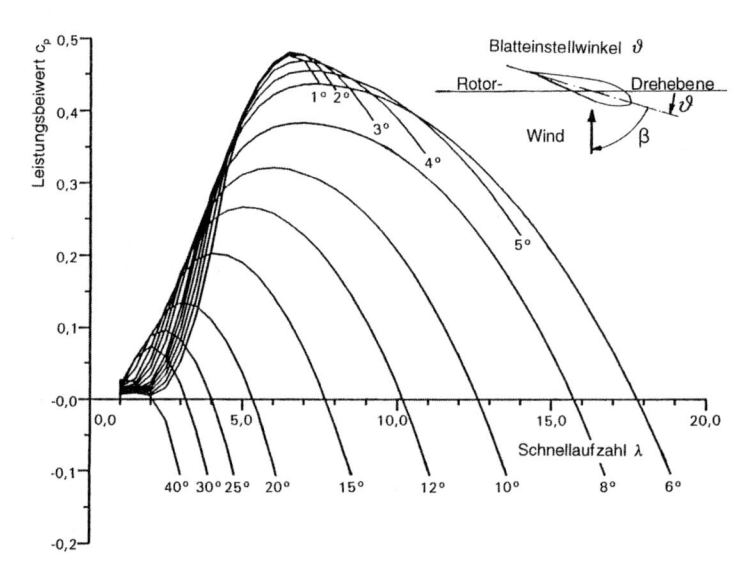

Abb. 37: Kennfeld des Leistungsbeiwertes einer Windenergieanlage mit drei Rotorblättern.
Parameter: Blatteinstellwinkel

METEOROLOGISCHE UND PHYSIKALISCHE GRUNDLAGEN

Für schnelldrehende Windräder (Darrieus-Rotor bzw. Zwei- oder Dreiblatt-Rotor) mit aerodynamisch geformten Blättern können nach Abb. 36 bei Schnelllaufzahlen von ca. λ = 4 bis 7 C_p-Werte zwischen 0,4 und 0,5 (bzw. in Abb. 37 bei λ = 7 und ϑ = 5° ist C_p = 0,45) erreicht werden. Langsam drehende Anlagen (amerikanischer bzw. holländischer Vielblattrotor) mit nicht aerodynamisch geformten Holz- oder Blechflügeln (λ = 1 bis 2,5) haben deutlich geringere Leistungsbeiwerte zwischen C_p = 0,15 und 0,3.

Um Windkraftanlagen vor Überlast zu schützen, muss bei Windgeschwindigkeiten über dem Auslege- bzw. Nennbereich der Anlagen ein Teil der Leistung abgeregelt werden. Dies kann dadurch erreicht werden, dass der Luftströmung nur ein kleinerer Anteil ihres Energieinhaltes entzogen wird. Wie Abb. 37 verdeutlicht, kann z. B. bei einer Schnelllaufzahl von 7 durch Veränderung des Blatteinstellwinkels von 5° auf 12° der Leistungsbeiwert halbiert werden. Andererseits lässt sich bei Anlagen ohne Blattverstellung die Turbine zu kleinen Schnelllaufzahlen führen und ebenfalls die Leistung reduzieren. Somit lässt sich die Windradleistung P_W entsprechend beeinflussen. Sie ergibt sich aus der Beziehung

$$P_W = C_p \cdot \frac{\rho}{2} \cdot A_R \cdot v_1^3$$

– wobei der Leistungsbeiwert durch die Anlage je nach Betriebszustand beeinflusst werden kann, – die Rotorkreisfläche A_R durch die Konstruktion vorgegeben ist, die Windgeschwindigkeit der Meteorologie unterliegt und die Luftdichte ρ in geringem Maße von der Höhe des Aufstellungsortes bzw. dem Luftdruck sowie von der Temperatur abhängt.

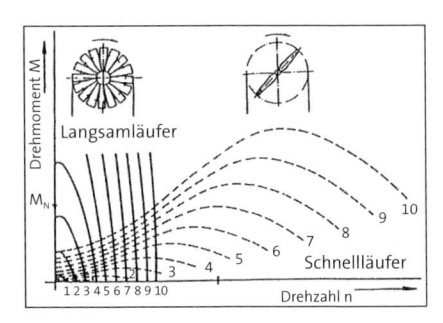

Abb. 38: Drehmoment-Drehzahl-Kennfeld für Langsam- und Schnellläufer bei festen Blatteinstellwinkeln und verschiedenen Windgeschwindigkeiten

Sehr deutlich kommen die Unterschiede zwischen Langsam- und Schnellläufern in ihrem Anlauf- und Betriebsverhalten nach Abb. 38 zum Ausdruck. Die Drehmoment-Drehzahl-Kennfelder für Langsamläufer mit festen Blatteinstellwinkeln zeigen bei verschiedenen Windgeschwindigkeiten hohe Anlaufdrehmomente und enge Betriebsbereiche, für Schnellläufer dagegen sind wesentlich geringere Anlaufdrehmomente und weite Drehzahlbereiche mit hohen Drehmomenten charakteristisch. Schnellläufer können mit ein, zwei oder wie heute üblich mit drei Rotorblättern, Langsamläufer mit einer höheren Blattzahl (z. B. 10 bis 20) ausgeführt werden.

5 Bauformen von Windkraftanlagen und Systemen am Markt

In Anlehnung an die Systematik der wichtigsten Windräder (Abb. 33) sind technische Ausführungen mit langsam laufenden, meist den Widerstand der Luftströmung nutzende, und hochtourige, den Auftrieb an Blattprofilen umsetzende Windturbinen mit horizontaler und vertikaler Achse anzutreffen. Mantel- und Thermik-Turm-Turbinen sind Beispiele von Sonderbauformen. Sie blieben bisher auf Einzelausführungen begrenzt. Historisch relevante Systeme wurden bereits in Kapitel 3 dargestellt und sollen daher im Folgenden nicht näher vorgestellt werden. Im Weiteren werden die Darstellungen, von den Vertikalrotoren ausgehend, die Horizontalachsenturbinen kurz umreißen und Sonderbauformen kurz erwähnen. Merkmale von Standardanlagen und Anlagen am Markt runden diesen Abschnitt ab.

5.1 Anlagen mit vertikaler Achse

Vertikalachsenrotoren stellen die älteste Form von Windenergieanlagen dar. Die frühen Bauarten wurden als reine Widerstandsläufer gebaut (Abb. 10). Schalenkreuze sind als Windgeschwindigkeitsmesssysteme weit verbreitet. In Abwandlung zu ihnen finden Savonius-Rotoren, die den Namen ihres finnischen Erfinders tragen, als Lüfterlaufrad auf Kühlfahrzeugen etc. eine traditionell breite Anwendung. Auch als Windräder wurden sie in sehr unterschiedlichen Konstruktionen zur Stromerzeugung ausgeführt (Abb. 39). Weiterhin kamen Savonius-Rotoren als Anlaufhilfe für Darrieus-Turbinen mit zwei oder drei Rotorblättern zum Einsatz (Abb. 40). Die klassische Ausführung ist nach ihrem französischen Erfinder benannt, wobei die Blätter in Form von sogenannten Kettenlinien[1] gebogen sind. Ihre Abwandlung mit ungebogenen Blättern stellen die sogenannten H-Darrieus-Turbinen dar (Abb. 41).

---

1 Kettenlinie ist die Form, die eine frei bewegliche Kette oder ein Seil mit gleichbleibender (konstanter) Gewichtsverteilung durch die Schwerkraft annimmt.

BAUFORMEN VON WINDKRAFTANLAGEN UND SYSTEMEN AM MARKT

a) Savonius-Anlage b) TMC-Anlage

Abb. 39 a) + b): Savonius-Rotoren und abgewandelte Bauformen

Die Vertikalachsenrotoren haben einen überaus einfach anmutenden Aufbau. Die Grundform der Darrieus-Rotoren platzierte Getriebe und Generator in Fundamentnähe. Dadurch sind im Allgemeinen günstige Aufbau- und Wartungsmöglichkeiten gegeben. H-Darrieus-Turbinen wurden erstmals im Hinblick auf arktische Einsatzmöglichkeiten getriebelos ausgeführt. Eine 300-kW-Anlage wurde mit rotierendem Turm und großem Ringgenerator am Boden getriebelos konzipiert. Ihre Weiterentwicklung führte zu einer Konstruktion mit Dreibeinturm und Ringgenerator im Anlagenkopf. Weitergehende Ausführungen über Vertikalachsenturbinen sind z. B. in [33], [36], [39] und [40] zu finden.

Abb. 40: Darrieus-Turbine mit Savonius-Anlaufhilfe

a) Zweiblatt-Anlage
mit Generator am Boden
Abb. 41 a) + b): H-Darrieus-Turbinen

b) Dreiblatt-Anlage
mit Generator am Anlagenkopf

Grundproblem bei netzstarr gekoppelten Anlagen sind starke Leistungspendelungen beim Turbinenumlauf. Diese lassen sich in der elektrischen Abgabeleistung durch drehzahlvariable Generatorsysteme mit Umrichter erheblich abmindern. Im Prinzip können Darrieus-Anlagen nicht selbst anlaufen. Durch Böen und andere Einwirkungen können sie jedoch – in Normal- oder auch in Gegendrehrichtung – in Betrieb gesetzt werden. Durch die Rotation der Blätter halbseitig gegen und anschließend mit der Windrichtung, wirken die Kräfte zwar stets in Vortriebrichtung, jedoch wechselweise nach innen und außen am Profil und verursachen somit große Wechselkräfte, die Schwingungen anregen. Trotz einiger Vorteile konnten sich Vertikalachsenrotoren bisher nicht am Windkraftanlagenmarkt durchsetzen. Die folgenden Darstellungen beschränken sich daher auf Turbinen mit horizontaler Achse, da diese am weitesten verbreitet sind und den Windkraftanlagenmarkt beherrschen.

5.2 Anlagen mit horizontaler Achse

Historische Windmühlen waren, wesentlich durch die einfache Nabenkonstruktion begründet, mit vier Flügeln ausgestattet, die vor dem Turm in Rotation versetzt wurden. Moderne Rotorblatt- und Nabenausführungen ermöglichen auch Drei-, Zwei- oder Einblattkonstruktionen, die, aus der Windrichtung gesehen, vor dem Turm als sogenannte Luvläufer oder hinter dem Turm als Leeläufer betrieben werden.

Die Anfänge der modernen Windkraftanlagenentwicklung waren stark durch die Aerodynamik und Flugtechnik geprägt. Daraus resultierten vielfach innovative und technisch sehr aufwendige Leichtbaukonzepte bei Turbinen- und Nabenkonstruktionen. Es herrschte zum Teil die Meinung vor, dass eine Windkraftanlage mit bestmöglichen Rotorblättern und einfachen, konventionellen Getriebe-, Generator- und Netzverbindungskomponenten etc. das Ziel der Entwicklungen sei. Kern dieser Philosophie war, dass möglichst wenige hochfeste und aufwendig gefertigte Rotorblätter (drei, besser zwei oder nur eines) die Kosten von Windkraftanlagen dominieren würden. Dieser Logik folgend müsste also eine kostengünstige Windturbine möglichst wenige Rotorblätter haben.

Um die Luftströmung in der nach Abb. 32 gegebenen Form beeinflussen zu können, ist es möglich, die Energieumwandlung mithilfe vieler Blätter bei langsamer Drehbewegung zu vollziehen oder die gleiche Energie durch wenige Flügel mit schneller Rotation zu entnehmen. Weiterhin kann die optimale Windgeschwindigkeitsverzögerung auf ein Drittel der Anströmung bei gleicher Rotationsgeschwindigkeit durch einen sehr tiefen bzw. zwei oder drei Flügel entsprechend kleinerer Tiefe erreicht werden (Abb. 42). Dementsprechend unterscheiden sich die Rotorblätter in ihrer äußeren Kontur und in ihrer Stellung zur Windrichtung bzw. zur Rotationsebene.

Technisch sinnvolle Konstruktionen sind allerdings nur in der Diagonalen von links unten nach rechts oben in Abb. 42 möglich. Diese werden erreicht bei Anlagen mit vielen (3) Blättern und niedriger Auslege-Schnelllaufzahl (z.B. λ_A = 5) bzw. bei nur einem Blatt und hoher Schnelllaufzahl (λ_A = 12).

Die vielfach verbreitete Meinung, dass eine größere Anzahl von Rotorblättern zu höherer Leistung und somit zu höheren Energieerträgen führen würde, soll an dieser Stelle relativiert werden. Nach [36] ergeben sich die maximalen Leistungsbeiwerte einer Turbine bei gleicher Blattlänge
- für ein Blatt $c_{p\,max}$ = 0,42 bei λ = 14,
- für zwei Blätter $c_{p\,max}$ = 0,46 bei λ = 10,
- für drei Blätter $c_{p\,max}$ = 0,47 bei λ = 8 und
- für vier Blätter $c_{p\,max}$ = 0,48 bei λ = 7.

NUTZUNG DER WINDENERGIE

$\lambda_A = 5$

$\lambda_A = 8$

$\lambda_A = 12$

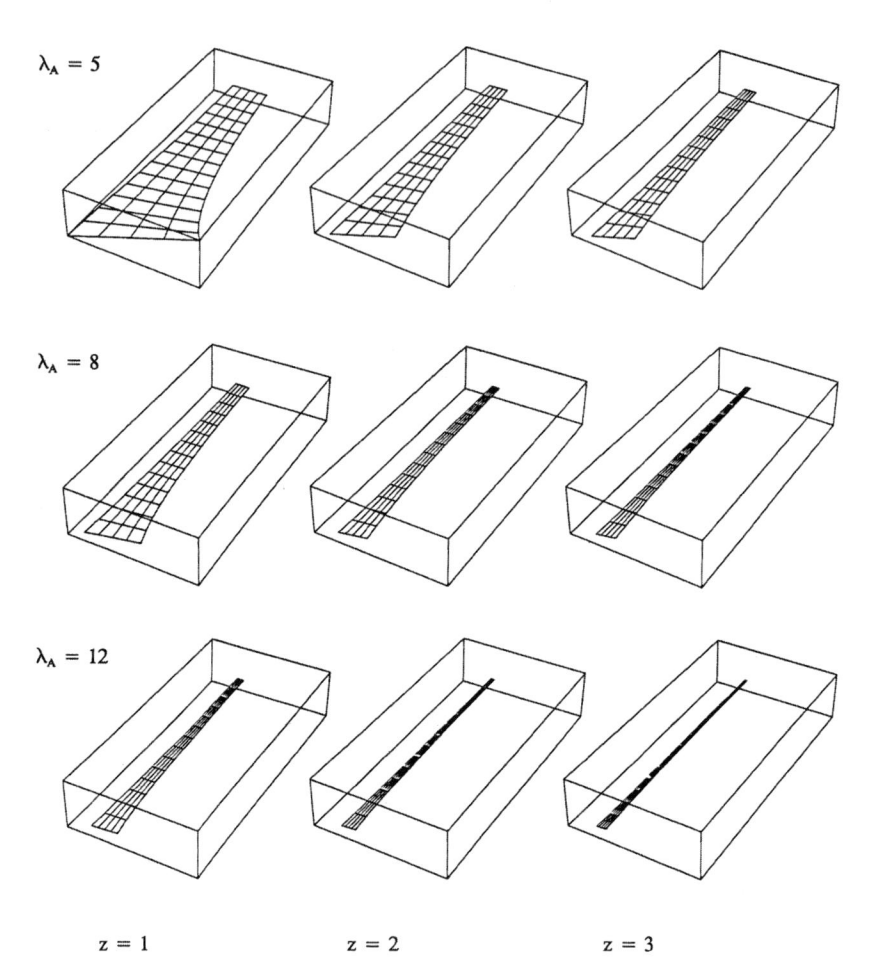

$z = 1$ $z = 2$ $z = 3$

Abb. 42: Optimale Rotorblattformen für drei unterschiedliche Rotorblätter (z = 1, 2, 3) und Auslegungsschnelllaufzahlen (λ_A = 5, 8, 12)

Der Übergang von zwei auf drei Blätter erhöht $c_{p\,max}$ = 0,46 auf 0,47, also ca. 2 %. Diese 2 % größere Leistung kann z. B. durch 1 % größeren Durchmesser leicht ausgeglichen werden. Ein weiterer Vorteil von Turbinen mit kleiner Blattzahl ist die dadurch sich ergebende hohe Schnelllauf- bzw. Turbinendrehzahl. Die mechanische Turbinenleistung ergibt sich aus dem Produkt der Winkelgeschwindigkeit ω_T bzw. deren proportionaler Drehzahl n_T mal dem Drehmoment M_T als $P_T = \omega_T \cdot M_T = 2\pi \cdot n_T \cdot M_T$. Somit wird bei hoher Drehzahl das Turbinendrehmoment entsprechend kleiner, was die Welle, das Getriebe, den Generator etc. – also alle Triebstrangkomponenten – kleiner und kostengünstiger auszulegen erlaubt.

BAUFORMEN VON WINDKRAFTANLAGEN UND SYSTEMEN AM MARKT

Abb. 43: Einblatt-Turbine
Monopteros (MBB),
640 kW Nennleistung,
56 m Rotordurchmesser

Abb. 44: Zweiblattrotor
Aeolus II (MBB),
3 MW Nennleistung,
80 m Rotordurchmesser

Abb. 45: Dreiblattanlage
TW 1,5,
1.500 kW Nennleistung,
65 m Rotordurchmesser

Turbinen mit einem Blatt (Abb. 43) nehmen eine Sonderstellung ein. Pläne für 5-MW-Anlagen lagen in den 80er-Jahren vor. Neben kleinen Einheiten im 30-kW-Bereich wurden Systeme der 600-kW-Klasse als größte Anlagen ausgeführt. Sie konnten sich jedoch aufgrund ihres unsymmetrischen Aufbaus und unruhigen, schwingungsbehafteten Laufes nicht auf dem Markt durchsetzen. Ihnen gegenüber bieten punktsymmetrische Zweiblattrotoren (Abb. 44) aufgrund besseren Massen- und Auftriebskräfteausgleichs durchaus Vorteile. Weiterhin lassen sich bei Sturm günstigere Sicherheitspositionen einstellen, was bei sehr großen MW-Turbinen möglicherweise Vorteile gegenüber Dreiblattrotoren (Abb. 45) bieten könnte. Sie bilden als flächensymmetrisches System mit niedrigster Blattzahl den besten Rundlauf der Turbine mit den kleinsten Antriebs- und Giermomentschwankungen am Turmkopf. Dies sind Hauptgründe, weshalb dreiblättrige Luv-Rotoren den Markt deutlich dominieren. Die Zweiblatturbine nach Abb. 44 war das erfolgreichste System der sogenannten zweiten Generation von MW-Anlagen der 80er-Jahre. Abb. 45 zeigt die erste Einheit nach Growian, die mit doppeltgespeistem Asynchrongenerator und neuer Umrichtertechnologie ausgestattet war.

NUTZUNG DER WINDENERGIE

a) Optimale Form (Südwind)   b) Trapezform (Windmaster)   c) Rechteckblatt (Aerosmart)
Abb. 46 a), b) + c): Ausgeführte Rotorblattformen

Um optimale Luftverzögerung an der gesamten Turbine vom Naben- bis zum Blattspitzenbereich zu erhalten, muss die Kontur der Rotorblätter hyperbolisch geformt ausgeführt werden (Abb. 46 a). Bei der technischen Ausführung von Rotorblättern wird die optimale Blattkontur im Allgemeinen durch die meist übliche Trapez- oder gar die Rechteckform angenähert (Abb. 46 b). Dabei erreichen überwiegend eingesetzte Trapezflügel ähnlich hohe Leistungsbeiwerte wie optimal geformte Blätter. Rechteckumrisse (Abb. 46 c) haben dagegen in der Nähe der Auslegungsschnelllaufzahl ein merklich niedrigeres Maximum des Leistungsbeiwertes zur Folge. Beim Verlassen des Auslegungszustandes ergeben sich jedoch erweiterte Betriebsbereiche mit zum Teil auch günstigeren Leistungsbeiwerten.

5.3 Sonderbauformen

Neben Horizontal- und Vertikalachsen-Anlagen herkömmlicher Bauart wurden auch ummantelte Turbinen in Betracht gezogen. Diese können konzentrierende oder absaugende Effekte (Abb. 47) bzw. auch die Thermik einer sonnenbeschienenen Abdeckung (Folie als Kollektor) in Verbindung mit dem Kamineffekt einer sogenannten Thermik-Turm-Anlage (Abb. 48) nutzen.

Abb. 47: Vortex-Turbine   Abb. 48: Aufwindkraftwerk

Beim Übergang zwischen der von der Windturbine beeinflussten zu der außerhalb von der Anlage unbeeinflussten Strömung (Abb. 32) entstehen Turbulenzen und Rückströmungen, die insbesondere das Leistungsvermögen an den Randbereichen der Anlage verringern. Durch abgegrenzte Luftströmungen bei sogenannten Mantelturbinen können diese Nachteile vermieden werden. Sie sind sogar in der Lage, die Leistung im Vergleich zu frei umströmten Anlagen zu steigern. Die in Abb. 47 gezeigte Vortex-Turbine wurde ohne öffentliche Förderung im windreichen Neuseeland entwickelt und erprobt. Sie sollte etwa die 8-fache Leistung im Vergleich zur frei umströmten Turbine mit entsprechendem Durchmesser aufweisen. Messungen ergaben jedoch nur 4- bis 5-fache Leistung. Dadurch waren die Wirtschaftlichkeitserwartungen erheblich gemindert. Die finanzielle Grundlage zur Weiterentwicklung der Anlage war somit nicht gegeben.

Das Aufwindkraftwerk nach Abb. 48 wurde als Versuchsanlage im sonnenreichen Südspanien errichtet. Mit 200 m Turmhöhe und 10 m Turmdurchmesser sowie einer Kollektorfläche mit 250 m Durchmesser erreichte die Aufwindturbine mit vertikaler Achse, die nahe dem Turmfuß platziert war, ca. 50 kW Leistung. Der hohe Bauaufwand beider Systeme ist der Hauptgrund dafür, dass diese Sonderbauformen sich nicht am Markt etablieren konnten.

5.4 Merkmale von Standardanlagen

Im Rahmen des Breitentests „Wissenschaftliches Mess- und Evaluierungsprogramm 250 MW Wind" (Kap. 6.9) wurden ab 1990 mehr als 1.500 Windkraftanlagen in Deutschland aufgebaut und zehn Jahre untersucht. In diesem Programm wurden umfassende statistische Erhebungen durchgeführt. Bei den installierten Anlagen überwogen Systeme mit Dreiblattrotoren mit 90 % gegenüber 10 % Zweiblatt-Turbinen. 70 % sind mit Asynchron- und 30 % mit Synchrongeneratoren ausgestattet. Etwa 60 % wurden durch Stallbetrieb und ca. 40 % mithilfe von Blattverstellung in der Leistung begrenzt. Drehzahlstarre und drehzahlvariable Triebstrangkonzepte hielten sich mit ca. 50 % die Waage. Die durchschnittliche Nennleistung der Anlagen hat sich von 1990 mit 80 kW bis 1999 auf etwa 800 kW erhöht. Alle später (ab Mitte der 90er-Jahre) installierten Anlagen haben im Luv betriebene Dreiblattrotoren.

Ab Ende der 90er-Jahre wurden in diesem Programm keine neuen Anlagen mehr installiert. Der Trend zu größeren Einheiten mit innovativen Triebstrangkonzepten hat sich in Deutschland jedoch fortgesetzt. Ende 2005 betrug die durchschnittliche Neuanlagengröße nahezu 2 MW.

Weltweit hat sich die Dominanz von dreiblättrigen Luv-Rotoren ebenfalls gezeigt. In den 80er- und 90er-Jahren haben Anlagen bis in die MW-Klasse, die nach dem sogenannten dänischen Konzept ausgeführt wurden (d.h. passiv stallgeregelte Turbine, Triebstrang mit Getriebe, direkt netzgekoppelter Generator), den Markt deutlich beherrscht. Aktiv-stall- und blatteinstellwinkelgeregelte Anlagen sowie drehvariable Triebstrangkonzepte mit doppeltgespeisten Asynchrongeneratoren oder voll umrichtergespeisten Synchrongeneratoren ohne Getriebe bildeten bis zum Jahr 2000 weltweit eher die Ausnahme.

Im Gegensatz zum weltweiten Trend war bereits in den 90er-Jahren in Deutschland ein deutlicher Trend zu drehzahlvariabel betriebenen blatteinstellwinkelgeregelten Dreiblatt-Turbinen zu erkennen. Deutsche Hersteller haben diese Konzeptionen schon früh verfolgt. Dadurch konnten sie den Schritt zur Multi-MW-Klasse leichter vollziehen. Derartige Anlagen werden den zukünftigen Markt prägen. Die überwiegende Anzahl der Hersteller bevorzugt konventionelle Getriebe-Triebstrang-Ausführungen. Der deutsche Marktführer Enercon ist hingegen bereits in den frühen 90er-Jahren zu getriebelosen Konzepten gewechselt und hat diese Richtung beibehalten.

Standardanlagen werden momentan auf den 2- bis 3-MW-Bereich ausgerichtet. In dieser Leistungsklasse dominieren klar die blatteinstellwinkelgeregelten gegenüber aktiv-stallgeregelten Dreiblatt-Turbinen. Bei dieser Größenordnung kommen durchweg drehzahlvariable Triebstrangkonzepte zum Einsatz. Von der überwiegenden Zahl der Hersteller werden doppeltgespeiste Asynchrongeneratoren eingesetzt. Asynchrongeneratoren mit Vollumrichter sind jedoch im Kommen. Synchrongeneratoren mit Vollumrichter befinden sich ebenfalls im Aufwind. Getriebelose Ausführungen mit elektrischer Erregung und Vollumrichter beherrschen den Markt klar. Permanenterregten Synchrongeneratoren mit Vollumrichtern können jedoch gute Zukunftsaussichten eingeräumt werden. Bisher werden alle Generator- und Umrichtersysteme für Niederspannungsbereiche ausgeführt. Als Türme kommen hauptsächlich Stahlrohr- sowie zunehmend auch Betonausführungen zum Einsatz. Gittermasten bilden eher die Ausnahme.

5.5 Anlagen am Markt

Windkraftanlagen werden momentan in einem überaus großen Leistungsspektrum von 25 W (Rutland) bis 5 MW (Multibrid, REpower) bzw. 6 MW (Enercon) angeboten. Um einen Überblick zu geben, werden sieben marktübliche Größenklassen hinsichtlich Getriebe-Generator-System, Regelung, z. T. auch Nachführung und Bremssystem sowie der Nabenhöhe kurz beschrieben. Preise sind in der Regel nur auf Anfrage zu erhalten.

- **Kleinst-Anlagen**

Etwa 20 Kleinstanlagen unter 5 kW werden am Markt, meist als sogenannte Batterielader, angeboten. Stark vertreten sind Sunset Energietechnik GmbH und Solar-Wind-Team. Die Anlagen sind überwiegend getriebelos mit Permanentmagnet-Generator ausgeführt. Auf eine Turbinen-Regelung wird zum Teil total verzichtet, andere Hersteller kippen den Rotor aus dem Wind oder nutzen eine passive Blattwinkelverstellung. Eine Abbremsung wird meist durch Generatorkurzschluss ermöglicht. Die Windrichtungsnachführung übernimmt in der Regel eine Windfahne.

- **10-kW-Klasse**

Im Bereich zwischen 5 und 50 kW werden etwa 15 Anlagen angeboten. Unter anderem sind Aquasolar, Inventus und Fuhrländer zu nennen. Neu auf den Markt kommt Aerosmart 5 als systemfähige Anlage mit 5 kW Nennleistung für einen kostengünstigeren Photovoltaikersatz. Im unteren Leistungsbereich kommen vielfach getriebelose Ausführungen oder Einheiten mit Planetengetrieben und überwiegend Permanentmagnetgeneratoren zum Einsatz. Ab ca. 10 kW finden Stirnrad- und Planetengetriebe sowie kombinierte Systeme hauptsächlich in Verbindung mit Asynchrongeneratoren Anwendung. Zur Regelung der Anlagenleistung werden Blatteinstellwinkel- und Stallregelung gleichermaßen angewandt. Die Abbremsung der Turbine erfolgt über Scheibenbremsen, Generatorkurzschluss, Blattwinkelverstellung oder Handabschaltung.

NUTZUNG DER WINDENERGIE

- **100-kW-Einheiten**

Zwischen 50 und 350 kW werden etwa zehn Anlagen am Markt angeboten. Enercon nimmt mit der E33 in getriebeloser Konzeption, Synchrongenerator und Vollumrichter sowie Blatteinstellwinkelregelung eine Sonderstellung ein. Ihre einzeln verstellbaren Blätter erübrigen eine zusätzliche Bremse. Kombinierte Stirnrad- und Planetengetriebe in Verbindung mit polumschaltbaren Asynchrongeneratoren und stallregulierten Turbinen dominieren sonst den Markt. Scheibenbremsen übernehmen Sicherheitsfunktionen. Zur Windrichtungsnachführung werden ein bis zwei Getriebemotoren eingesetzt. Die Nabenhöhe variiert zwischen 30 und 70 m. Dreiblattturbinen sind die Regel. Eine Ausnahme bildet der französische Hersteller Vergnet mit seiner Zweiblattturbine.

- **500-kW-Kategorie**

Im Bereich über 350 kW bis 750 kW stehen ca. zehn Anlagen im Angebot. Mit weit über 1.500 verkauften Einheiten ist Enercon (E40, E44) der absolute Marktführer in diesem Bereich. Die Dreiblattturbine (ohne Getriebe) treibt den elektrisch erregten Synchrongenerator direkt an. Dieser gibt die elektrische Energie über einen Vollumrichter an das Netz ab. Ebenfalls drehzahlvariabel und blatteinstellwinkelgeregelt wird die DeWind D4-600 mit Stirnradgetriebe und doppeltgespeistem Asynchrongenerator betrieben. Die weiteren Hersteller setzen kombinierte Planeten- und Stirnradgetriebe in Verbindung mit meist polumschaltbaren Asynchrongeneratoren mit Kurzschlussläufern ein, die zum Teil auch flüssigkeitsgekühlt aufgebaut sind. Bei diesen Anlagen dominiert die Stallregelung. Blattspitzenverstellung und Scheibenbremsen bilden Sicherheitssysteme. Zwei bis vier elektrische Stellmotoren übernehmen die Windrichtungsnachführung. Die Nabenhöhe der Anlagen kann zwischen 30 und 78 m gewählt werden.

- **1-MW-Systeme**

In der Kategorie über 750 kW bis 1,5 MW sind etwa 35 Anlagen am Markt erhältlich. NEG Micon (Vestas) mit 1.500, Nordex mit 1.400, AN Windenergie (Siemens Bonus) mit 1.200 und Gamesa mit 1.100 Anlagen beherrschen dieses Marktsegment mit konventionell ausgeführten Systemen. Typischerweise kommen meist kombinierte Stirnrad- und Planetengetriebe in Verbindung mit polumschaltbaren Asynchrongeneratoren mit Kurzschlussläufern oder mit doppeltgespeistem Asynchrongenerator zum Einsatz. Stark im Kommen sind die getriebelosen Varianten E48 und E58 von Enercon mit sogenannten Ringgeneratoren (elektrisch erregte Synchronmaschinen) und Vollumrichter. In dieser Größenklasse überwiegen Turbinen mit Blatteinstellwinkelregelung. Einheiten mit Stallregelung haben Blattspitzenverstellung. Alle Getriebesysteme besitzen zusätzlich Scheibenbremsen als redundantes Sicherheitssystem. Zur Windrichtungsnachführung werden zwei bis vier elektrische Getriebemotoren eingesetzt. Die Nabenhöhen liegen zwischen 50 und 100 m.

- **2- bis 3-MW-Klasse**
Der Bereich über 1,5 bis 3,6 MW umfasst 40 Anlagentypen. Diese Großanlagenklasse erzielt momentan die größten Umsätze. Daher sind hier auch alle großen Hersteller vertreten. Die Anlagen sind mit Dreiblattturbine und Blatteinstellwinkelregelung aufgebaut. Triebstrangausführungen mit kombinierten Stirnrad- und Planetengetrieben und Asynchrongeneratoren dominieren diese Klasse, wobei doppeltgespeiste Asynchrongeneratoren überwiegen. Kurzschlussläufer – Asynchrongeneratoren mit Vollumrichter (Siemens-Bonus) sowie die getriebelosen Enercon E66 und E82 mit Synchrongenerator und Vollumrichter stellen Ausnahmen dar und sind auf die beiden Traditionsunternehmen konzentriert. Permanenterregte Synchrongeneratoren mit Getriebe und Vollumrichter (GE) bilden in der 2- bis 3-MW-Größe eine weitere Variante. Die Windrichtungsnachführung wird durch 4 bis 8 elektrische Getriebemotoren ausgeführt. Die Nabenhöhen liegen zwischen 60 und 160 m.

- **5-MW-Klasse**
Die Königsklasse über 3,6 MW wird durch Pilotanlagen weniger Hersteller geprägt. Enercon ist bereits 2002 mit der E112 (112 m Rotordurchmesser, 4,5 MW) in diese Größenordnung eingestiegen und hat die Anlage 2006 auf 126 m Turbinendurchmesser und 6 MW Leistungsvermögen erhöht. 5-MW-Einheiten von REpower mit 126 m bzw. Multibrid mit 116 m sowie NEG Micon (NM 110) mit 110 m Rotordurchmesser folgen. Alle Hersteller dieser Klasse wenden die Blatteinstellwinkelregelung an. Als Generatoren kommen Synchron- und Asynchronmaschinen gleichermaßen zum Einsatz. Die Windrichtungsnachführung wird von mehreren (z. B. acht) elektrischen Getriebemotoren vorgenommen. Die Nabenhöhen liegen momentan zwischen 70 und 125 m.

6 Komponenten und Technik von marktgängigen Anlagen

Der Windkraftanlagenmarkt wird von Horizontalachsenturbinen beherrscht. Sie bieten nach Abb. 36, 37 und 38 Vorzüge im Hinblick auf die Nutzung eines weiten Windgeschwindigkeitsbereiches gegenüber Vertikalachsenanlagen. Weitere Vorteile bestehen beim Anlaufverhalten und bei der Regelbarkeit (Abb. 37, 38). Ihre Hauptbaugruppen sind die Turbine mit Regeleinrichtung, der Triebstrang mit mechanisch-elektrischem Energiewandler (Generator, mit oder ohne Getriebe bzw. Umrichter), das Maschinenhaus, die Windrichtungsnachführung, der Turm und die Sicherheitseinrichtungen (z. B. Rotorbremse, Blitzschutz). Diese sollen im Folgenden näher betrachtet werden.

6.1 Turbine

Von der Windturbine wird – neben einer hohen aerodynamischen Leistung – ausreichende Stabilität und Festigkeit bei möglichst niedrigen Herstellungskosten und kleinem Gewicht gefordert. Dabei spielen die Anzahl der Rotorblätter, die Rotordrehzahl bzw. die Schnelllaufzahl, die Bauweise, die Geometrie der Flügel sowie die Anordnung zu ihrer Verstellung und die Nabenkonstruktion eine entscheidende Rolle.

Einzeln oder gemeinsam kardanisch (also beweglich) mit der Nabe verbundene Rotorblätter, als sogenannte **Schlaggelenk- bzw. Pendelnaben** bekannte Konstruktionen, wurden bis in die 70er- und 80er-Jahre angewandt, um Turbinen zu entlasten. Zusätzlich erforderliche Stabilisierungsmaßnahmen und komplexere Nabenausführungen waren allerdings die Folge. Der erhöhte Bauaufwand verteuerte die Anlagen und machte sie anfälliger für Störungen. Marktgängige Anlagen werden daher mit **starrer Nabe** ausgeführt.

Unterschiedliche Anzahl der Rotorblätter und ihre Tiefenverteilung sind in Abb. 42 dargestellt. Ihre Stellung zur Windrichtung bzw. zur Rotationsebene soll im Folgenden diskutiert werden.

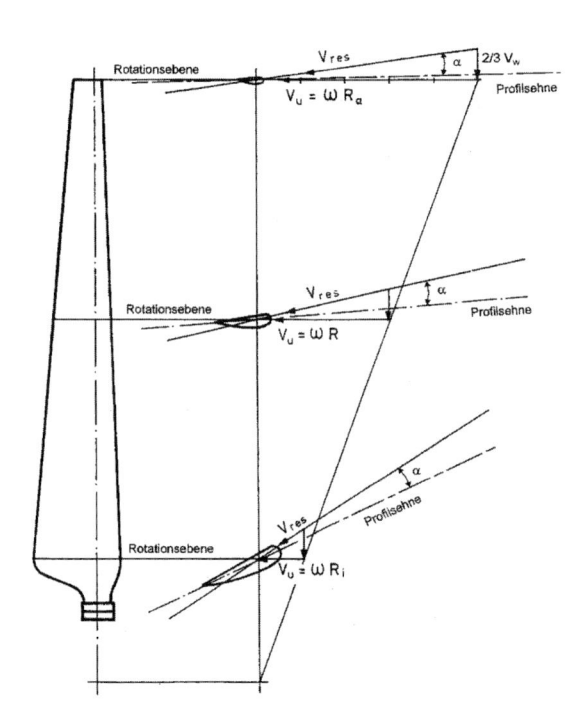

Abb. 49: Verwindung des Rotorblattes

- **Rotorblattverwindung und Blattstellung**

Die Umfangsgeschwindigkeit der Turbine ist an der Blattspitze groß und in Nabennähe relativ klein. Daraus resultieren bei gleicher Beeinflussung der Luftströmung eine kleine Blatttiefe an der Spitze und eine große Blatttiefe in Nabennähe. Um beim Betrieb der Anlagen auf der gesamten Blattlänge ähnliche Strömungsverhältnisse zu erreichen, müssen etwa gleiche Anströmrichtungen am **Blattprofil** zwischen Blattspitze und Nabennähe erreicht werden. Diese werden dadurch gekennzeichnet, dass die Profilanströmung im Auslegungsbereich (z. B. Nennbetrieb) in allen Radien nahezu gleich ist (Abb. 49). Der Anströmwinkel α ergibt sich als Differenz zwischen der Profilstellung zur Rotationsebene und der resultierenden Profilanströmung. Diese ist die vektorielle Summe aus der Windgeschwindigkeit und der bei Rotation des Blattes

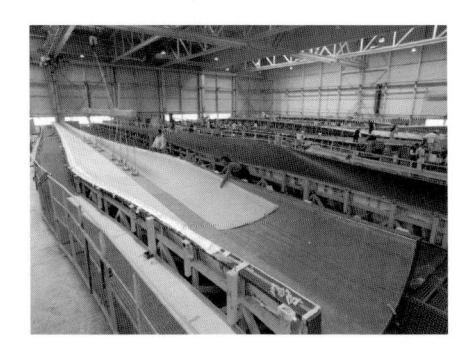

Abb. 50: Rotorblatt-Fertigung mit Verbundwerkstoffen

entstehenden Umfangsgeschwindigkeit. Dadurch nehmen die Rotorblattprofile im Bereich ihrer Spitze eine Stellung nahe der Rotationsebene ein. In Nabennähe werden sie hingegen stärker zur Windrichtung weisend verwunden.

Neben der geometrischen Form und der Profilierung sind bei den Rotorblättern auch Massenbelegung, Materialfestigkeit etc. zu berücksichtigen. Durch die **Wahl des Materials** (z. B. heute übliche Glas- und Kohlefaserverbundwerkstoffe sowie Stahl, Aluminium, Holz, Holzkomposit u. a. sowie deren Kombinationen) und durch die Fertigungsmöglichkeiten (Abb. 50) sind **Flügelaufbau und Profilgüte** und damit auch die erzielbare Leistung gegeben. Weiterhin lässt sich mit vorgebogenen Blättern insbesondere bei Großanlagen im MW-Bereich auch im Betrieb bei hohen Windgeschwindigkeiten die notwendige Distanz der Flügel zum Turm erreichen (Abb. 51).

Abb. 51: Vorgebogenes Rotorblatt (NOI 37,5 / 77 m Rotordurchmesser)

Trotz der weit verbreiteten Meinung, dass der nabennahe Innenbereich der Rotorblätter unwesentlich zum Drehmoment bzw. zur Leistungsbildung an der Turbine beitragen würde, setzte Enercon neuartige Rotorblatt- und Nabenkonstruktionen um. Dabei reicht das Blattprofil (Abb. 52 a) bis an den speziell dafür geformten Nabenanschluss (Abb. 52 b). Abb. 53 verdeutlicht den Unterschied zu bisherigen Turbinenausführungen im direkten Vergleich.

KOMPONENTEN UND TECHNIK VON MARKTGÄNGIGEN ANLAGEN

a) Rotorblattprofil bis zur Nabe ausgeformt  b) Nabenanschluss mit Blattübergang
Abb. 52 a) + b): Enercon-Turbine mit Rotorblatt-Nabenanschluss

a)    b)
Abb. 53: Vergleich zwischen Turbinenausführung mit direktem Nabenanschluss (a) und konventioneller Konstruktion (b)

NUTZUNG DER WINDENERGIE

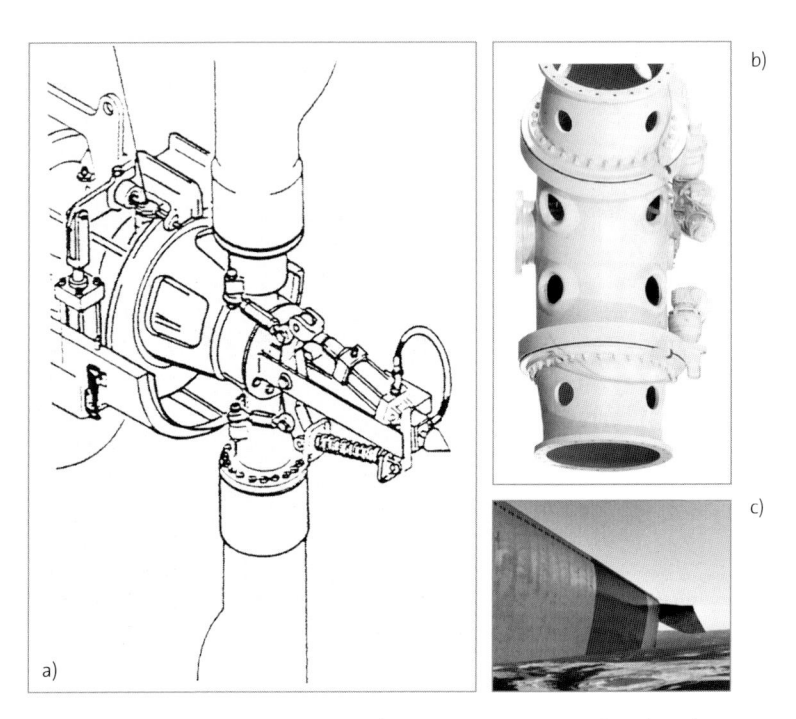

Abb. 54: Rotorblattverstelleinrichtungen: a) Hydraulische Blattverstellung (MAN), b) Elektrische Blattverstellung (Enercon), c) Blattspitzenverstellung (Boing)

- **Rotorblattverstellung**

Eine Windturbine soll einerseits hohe Energieerträge erzielen. Andererseits muss z. B. bei Böen und Sturm die gesamte Windkraftanlage vor Überlast und kritischen Betriebszuständen geschützt werden.

Entsprechend Abb. 37 lassen sich der Leistungsbeiwert und damit die Windradleistung je nach Schnelllaufzahl einstellen durch Veränderung
- der Drehzahl bei drehzahlvariablen Energiewandlersystemen bzw.
- des Blatteinstellwinkels bei Windrädern, die um ihre Längsachse drehbare Rotorblätter besitzen. Diese können im gesamten Windgeschwindigkeitsbereich zur Regelung der Leistungsaufnahme bzw. der Drehzahl verwendet werden und damit auch der Sturmsicherung dienen. Dabei ist es möglich, die gesamten Blätter oder nur die Blattspitzen zu verstellen (Abb. 54). Um den Flügel verdrehen zu können, muss an der Blattwurzel aktiv, mit einem heute meist üblichen Elektromotor oder einer Hydraulik, bzw. passiv, durch rotierende Massen o. Ä., ein Stellmoment aufgebracht werden. Dabei sind einerseits Momente durch Trägheit sowie Feder- und Dämpfungseigenschaften der Verstelleinrichtung zu berücksichtigen. Andererseits

kommen drehzahl-, winkel- und z.T. auch windgeschwindigkeitsabhängige Kräfte am Blatt, Einflüsse infolge ungleicher Massenbelegung der Flügel (Propellermomente) durch Auftrieb, Trägheit, Durchbiegung und Luftdämpfung sowie durch Reibung an den Lagern hinzu. Weitergehende Ausführungen und Zusammenhänge sind in [1] detailliert wiedergegeben. Diese Vielfalt an Einwirkungen erfordert eine konstruktive Abstimmung der gesamten Komponenten. Ein einfacher Austausch von Flügeln ähnlicher Bauart ist daher nicht ohne Weiteres möglich.

- **Rotorblätter und aerodynamische Bremssysteme stallgeregelter Anlagen**
Drehzahlstarre Anlagen ohne Blattverstellung besitzen diese o.g. Eingriffsmöglichkeiten nicht. Ihre Leistungsaufnahme kann beim Betrieb an einem sogenannten starren Netz mit nahezu konstanten Spannungs- und Frequenzwerten, z.B. durch entsprechende aerodynamische Auslegung der Rotorblätter (Stallbetrieb), begrenzt werden (Kap. 5). Da die Rotorblätter bzw. ihre Winkelstellung zur anströmenden Luft den unterschiedlichen Betriebsbedingungen nicht angepasst werden können, müssen diese in ihrer Normalstellung alle Belastungen überstehen. Somit sind hohe Stabilität und massive Ausführung der Flügel erforderlich. Größere Turbinenmassen (im Vergleich zu blattwinkelgeregelten Anlagen) sind die Folge. Bei den weltweit installierten Windkraftanlagen bis in die 1-MW-Größe dominiert die Leistungsbegrenzung durch Stalleffekt.

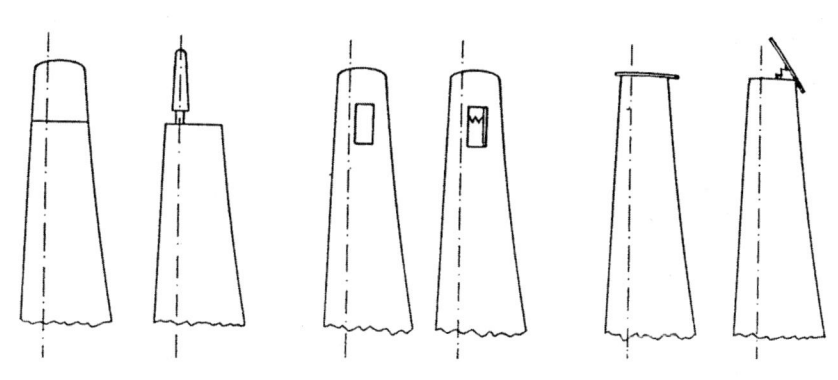

a) Blattspitzenquerstellung   b) Bremsklappe im Blattprofil   c) Bremsklappe an der Blattspitze
Abb. 55: Aerodynamische Bremsen [40]

Vor eventuell auftretenden Überdrehzahlen infolge Netzausfall, bei dem der Generator dem Windrad kein Lastmoment liefern und damit keine Drehzahl vorgeben kann, müssen stallgeregelte Anlagen zusätzlich geschützt werden. Dies geschieht z.B. durch aerodynamische Bremsklappen in den Blattprofilen oder an den -spitzen (Abb. 55). Darüber hinaus bietet eine Rotorbremse (meist als Scheibenbremse ausgeführt) bei fast allen Anlagen die Möglichkeit, das Windrad festzubremsen (Abb. 56).

NUTZUNG DER WINDENERGIE

Aus Gründen der Blattbeanspruchung infolge auftretender Kreiselkräfte [1] darf der Turmkopf nur sehr langsam aus der Richtung des Windes gedreht werden. Diese für Langsamläufer übliche Art der Leistungsbegrenzung lässt bei Schnellläufern nur unzureichende Eingriffsgeschwindigkeiten zu und ist daher für derartige Turbinen nicht zur Regelung der Energieaufnahme tauglich. Langfristige Sicherheitsstellungen des Rotors, z. B. in Richtung des Windes, sind allerdings möglich.

6.2 Triebstrangausführungen

Die mechanische Energie der Windturbine mit einer niedrigen Drehzahl von 12 bis 20 Umdrehungen pro Minute (1/min) im MW-Bereich und etwa 100 bis 200 1/min im kW-Bereich wurde bis Anfang der 90er-Jahre von einem Generator bei 1.000 bis 1.500 1/min in elektrische Energie umgewandelt. Bei diesen Anlagen wird die **Drehzahl-Drehmoment-Umsetzung von Übersetzungsgetrieben** übernommen, wobei die Drehzahl z. B. von 15 auf 1.500 1/min um den Faktor 100 hochgesetzt und das Drehmoment um die gleiche Größe vermindert wird. Abb. 56 zeigt den Triebstrang einer derart ausgeführten Anlage in konventioneller Bauweise.

Niedertourige **Sondergeneratoren zum direkten Antrieb durch das Windrad** wurden zwar bereits in den vierziger Jahren von Honnef für Multi-MW-Großanlagen angedacht. Erstmals erfolgreich umgesetzt wurde diese Konzeption von der Firma Enercon mit der E40 im 500-kW-Leistungsbereich (Abb. 57). Diese Anlagen und Weiterentwicklungen dieser Konzeption konnten sich bereits Mitte der 90er-Jahre auf dem Windkraftanlagen-Markt etablieren.

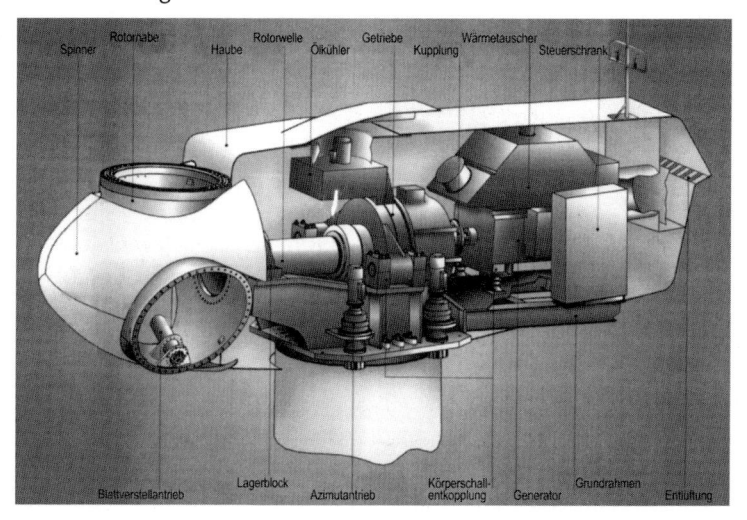

Abb. 56: Triebstrang einer konventionellen Windkraftanlage mit Getriebe (Tacke)

Abb. 57: Triebstrang einer getriebelosen
Windkraftanlage (Enercon)

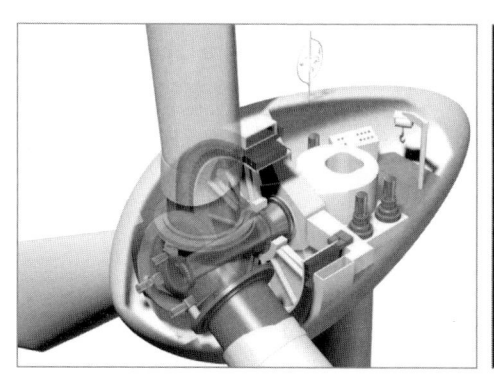

Abb. 58: Triebstrang einer Windkraftanlage
mit einstufigem Getriebe (Multibrid)

Eine weitere Möglichkeit, die insbesondere für Großanlagen in Betracht gezogen wurde, ist in Abb. 58 dargestellt. Das einstufige Getriebe bringt die Welle des Generators auf etwa 150 Umdrehungen pro Minute. Auch bei großen Einheiten im 5-MW-Bereich kann der Generator somit in technisch günstigeren Baugrößen (ca. 3 m Durchmesser im Vergleich zur Enercon E112 mit 12 m Durchmesser bei etwa 12 1/min) gefertigt werden. Dementsprechend beträgt das Gewicht des M5000-Maschinenkopfes etwa 290 t bzw. 530 t bei der E112.

Zur Drehzahlanpassung werden meist Stirnrad- oder Planetengetriebe sowie die Kombination beider Systeme mit den entsprechenden Übersetzungsverhältnissen eingesetzt. Keil- und Zahnriemen sowie Kettenräder kamen vorwiegend bei kleineren Anlagen zur Drehzahlwandlung infrage. Bei allen Ausführungen können trotz harter Laststöße durch Böen hohe Lebensdauer und günstiges Anlaufverhalten garantiert werden. Hierbei bieten getriebelose Varianten, die auch Drehzahlvariationen erlauben, erhebliche Vorteile.

6.3 Generatorsysteme

Die mechanische Rotationsenergie der Windturbine (z. B. mit 20 1/min) wird über ein Getriebe der Drehzahl von elektrischen Maschinen im Generatorbetrieb auf z. B. 1.000 1/min angepasst oder von Generatoren großer Bauform direkt in elektrische Energie umgeformt und dem Netz übergeben.

Zur Verringerung der Massen im Turmkopf kann der Generator, wie bei Vertikalachsenanlagen üblich, auch bei Horizontalachsen-Anlagen in den Turmfuß verlegt werden. Dabei sind Schwingungsbeanspruchungen, die möglicherweise durch lange Übertragungswellen hervorgerufen werden, besonders zu beachten. Derartig ausgeführte Anlagen haben momentan jedoch keine Relevanz.

Prinzipiell können elektrische Maschinen bei Zufuhr mechanischer Energie und Abgabe elektrischer Energie als Generator oder bei Aufnahme elektrischer Energie und Bereitstellen mechanischer Energie als Motor betrieben werden. Es handelt sich um mechanisch-elektrische bzw. elektromechanische Energiewandler. Demnach können Generatoren, falls dies erforderlich ist, auch zum Hochlauf von Turbinen eingesetzt werden. Dadurch lässt sich z. B. bei Anlagen ohne Blattverstellung auch bei kleinen Windgeschwindigkeiten eine Inbetriebnahme ermöglichen. Aerodynamisch sowie auch motorisch in Rotation versetzte Blätter erreichen anliegende Strömungsverhältnisse und somit Leistungsabgabebetrieb. Für diese Methode der Inbetriebnahme, die bis in den 100-kW-Leistungsbereich durchaus üblich war, mussten allerdings die Einschaltvorrichtung bzw. vorhandene Stromrichter ausgelegt sein.

Bei den hauptsächlich eingesetzten Generatorbauarten kann unterschieden werden zwischen:

- **Gleichstromgeneratoren**
Sie bestehen meist aus zwei elektrischen Kreisen, einem feststehenden Erregerkreis im Stator und einem rotierenden Ankerkreis (Läufer). Der Aufbau eines magnetischen Statorfeldes (Erregung der Maschine) erfolgt allgemein mithilfe eines Stromes in der sogenannten Erregerwicklung oder durch Permanentmagnete. Bei Drehung einer Spule in diesem Magnetfeld entsteht grundsätzlich eine Wechselspannung. Zur Erzeugung von Gleichspannung ist deshalb eine Umschaltvorrichtung zur Umpolung des Ankerstromes mithilfe eines Kommutators notwendig. Mit ihm sind allerdings entscheidende Nachteile verbunden. Insbesondere erhöhter Wartungsaufwand und schlechtes Anlaufverhalten durch die Reibung der Kohlebürsten müssen in Kauf genommen werden. Neben den konstruktiven Gegebenheiten des Generators haben Erregerstrom, Ankerdrehzahl und die Lastverhältnisse entscheidenden Einfluss auf die Höhe der erzeugten Spannung. Sie kann jedoch relativ einfach durch Variation des Erregerstromes auf einen gewünschten Wert geregelt bzw. konstant gehalten werden. Der Erregerstrom kann dem vom Windrad angetriebenen Anker des Generators (Selbsterregung) oder fremden Spannungsquellen, wie z. B. Batterien, (Fremderregung) entnommen werden. Dadurch werden die Art und das Verhalten der Maschine sowie die Drehmoment-Drehzahl-Charakteristik bestimmt [42].

Zur Gleichstromerzeugung werden heute kaum noch Gleichstrommaschinen eingesetzt. Drehstromgeneratoren mit Gleichrichterbrücken, wie z. B. Drehstrom-Lichtmaschinen in Fahrzeugen, sind einfacher aufgebaut, kostengünstiger, robuster und wartungsfreundlicher.

- **Drehstromgeneratoren**
Mit ihnen wird elektrische Energie nahezu ausschließlich in allen Leistungsbereichen erzeugt. Man unterscheidet dabei zwischen **Synchron- und Asynchrongeneratoren**. Drehstromgeneratoren benötigen im Gegensatz zu Gleichstromgeneratoren ein rotierendes Magnetfeld (Drehfeld). Dies kann z. B. durch Drehung von Permanentmagneten oder durch rotierende Erregerwicklungen mit Stromzuführung über Bürsten und Schleifringe erfolgen. Derartige Drehfelder erzeugen in feststehenden Statorwicklungen elektrische Spannungen mit einer der Drehfeld-Drehzahl synchronen Frequenz. Bei solchen Synchronmaschinen werden drei (oder ganzzahlig Vielfache) um 120° elektrisch versetzte Spulen angeordnet. In ihnen werden somit auch drei um 120° elektrisch phasenverschobene Spannungen, sogenannte Dreiphasen-Drehspannungen, erzeugt. Deren Betrag ist – ähnlich wie bei den Gleichstromgeneratoren – von der Konstruktion des Generators, der Drehfeld-Drehzahl, der Erregung und von den Lastverhältnissen abhängig und lässt sich im Insel- oder Alleinbetrieb durch Erregungsänderungen regeln. Bei einem Betrieb am öffentlichen Versorgungsnetz werden von diesem die Spannung und Drehzahl (entsprechend der Frequenz) fest vorgegeben. Abb. 59 zeigt in einer Übersicht die wesentlichen Energiewandlersysteme und gibt ihre charakteristischen Betriebsbereiche sowie grundlegende Eigenschaften wieder.

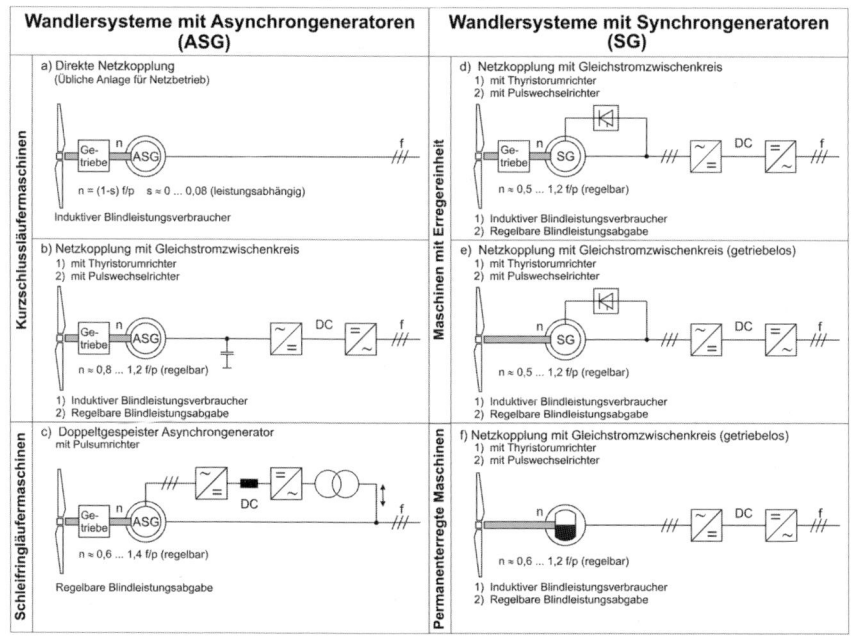

Wandlersysteme mit Asynchrongeneratoren (ASG)	Wandlersysteme mit Synchrongeneratoren (SG)
a) Direkte Netzkopplung (Übliche Anlage für Netzbetrieb) $n = (1-s) \, f/p \quad s \approx 0 \ldots 0{,}08$ (leistungsabhängig) Induktiver Blindleistungsverbraucher	d) Netzkopplung mit Gleichstromzwischenkreis 1) mit Thyristorumrichter 2) mit Pulswechselrichter $n \approx 0{,}5 \ldots 1{,}2 \, f/p$ (regelbar) 1) Induktiver Blindleistungsverbraucher 2) Regelbare Blindleistungsabgabe
b) Netzkopplung mit Gleichstromzwischenkreis 1) mit Thyristorumrichter 2) mit Pulswechselrichter $n \approx 0{,}8 \ldots 1{,}2 \, f/p$ (regelbar) 1) Induktiver Blindleistungsverbraucher 2) Regelbare Blindleistungsabgabe	e) Netzkopplung mit Gleichstromzwischenkreis (getriebelos) 1) mit Thyristorumrichter 2) mit Pulswechselrichter $n \approx 0{,}5 \ldots 1{,}2 \, f/p$ (regelbar) 1) Induktiver Blindleistungsverbraucher 2) Regelbare Blindleistungsabgabe
c) Doppeltgespeister Asynchrongenerator mit Pulsumrichter $n \approx 0{,}6 \ldots 1{,}4 \, f/p$ (regelbar) Regelbare Blindleistungsabgabe	f) Netzkopplung mit Gleichstromzwischenkreis (getriebelos) 1) mit Thyristorumrichter 2) mit Pulswechselrichter $n \approx 0{,}6 \ldots 1{,}2 \, f/p$ (regelbar) 1) Induktiver Blindleistungsverbraucher 2) Regelbare Blindleistungsabgabe

Kurzschlussläufermaschinen / Schleifringläufermaschinen / Maschinen mit Erregereinheit / Permanenterregte Maschinen

n = mechanische Drehzahl des Rotors
n_n = Nenndrehzahl
s = Generatorschlupf

f = elektrische Frequenz (50Hz)
p = Polpaarzahl

Abb. 59: Mechanisch-elektrische Energiewandlersysteme

Synchrongeneratoren

Diese werden hauptsächlich in Stromerzeugungsanlagen (Kraftwerken, Dieselstationen, Notstromaggregaten etc.) eingesetzt und mit Fremd- oder bei bürstenlosen Maschinen mit Selbsterregung ausgeführt. Neben der Art der Erregung (elektrisch oder permanent-magnetisch) bestimmt auch die Art des Betriebes (Netz- oder Inselbetrieb) den Aufbau und die Regelungsmöglichkeiten eines Generators.

Direkt mit dem Netz gekoppelte Synchrongeneratoren konnten sich in Windkraftanlagen bisher nicht durchsetzen. Aufgrund der starken Turbinenleistungsschwankungen, ihres drehzahlstarren Verhaltens, ihrer Schwingungsanfälligkeit und den daraus resultierenden hohen Belastungen im Triebstrang etc. blieb diese für Kraftwerke übliche Betriebsform auf Pilotprojekte bis in die 80er-Jahre beschränkt.

Umrichtereinheiten sind in der Lage, Drehstrom variabler Frequenz und Spannung über einen Gleichrichter, Gleichstromzwischenkreis und Wechselrichter (Abb. 59 d bis f) an die Netzgegebenheiten mit konstanter bzw. nahezu gleichbleibender Frequenz und Spannung anzupassen. In Verbindung mit diesen konnten Synchronmaschinen zunächst mit und ab Anfang der 90er-Jahre ohne Getriebe zunehmend an Bedeutung gewinnen. Dabei lassen sich die netzbildenden Eigenschaften der Synchrongeneratoren mit einstellbarer Spannung und Frequenz für den Umrichter nutzen. Umrichtersysteme werden aus Bauelementen der Leistungselektronik, bisher hauptsächlich Thyristoren bzw. Transistoren oder deren Sonderbauformen und Weiterentwicklungen wie GTO[1], MCT[2], IGCT[3], IGBT[4] etc. aufgebaut. Sie verursachen im Allgemeinen Netzeinwirkungen meist durch Oberschwingungen. Das bedeutet, den Spannungen und Strömen mit Netzfrequenz werden Vielfache der Netzfrequenz (5-, 7-, 11-, 13-fache etc.) überlagert. Dadurch werden die Strom- und Spannungsverläufe gegenüber der Sinusform verzerrt. Durch den Bauaufwand (Anzahl der Thyristoren) bzw. die Anzahl der Schaltvorgänge (Taktfrequenz der Transistoren und IGBT) werden der Wirkungsgrad sowie die Auswirkungen auf das Netz und die Verbraucher bestimmt. Dabei wurde seit etwa 1993 der Übergang von der Thyristortechnik zur IGBT-Anwendung (insbesondere im MW-Bereich) durch die Windenergietechnik wesentlich mit getragen. Hiermit konnte eine bessere Netzverträglichkeit erzielt werden. Weiterhin wurden neue Möglichkeiten zur Netzregelung und Netzstützung eröffnet, die in neuen Richtlinien zum Netzanschluss von Windkraftanlagen gefordert werden.

[1] *GTO – Gate-Turn-Off-Thyristors sind abschaltbare Thyristoren.*
[2] *MCT – Metall-Oxid-Semiconductor-Controlled-Thyristors sind nahezu leistungslos schaltbare Thyristoren.*
[3] *IGCT – Integrated-Gate-Commutated-Thyristors vereinen als Weiterentwicklung der GTO die Vorteile von Thyristoren und Transistoren.*
[4] *IGBT – Insulated-Gate-Bipolar-Transistors ermöglichen schnelles Schalten mit kleiner Steuerleistung.*

KOMPONENTEN UND TECHNIK VON MARKTGÄNGIGEN ANLAGEN

Die konsequente Umsetzung der getriebelosen Konzeption (Abb. 59 e) brachte der Fa. Enercon die führende Position auf dem deutschen, dem bis 2004 weltweit größten nationalen Markt. Allerdings waren beim Übergang von der 500-kW- zur 1,5-MW- bzw. 4,5-MW- und 6-MW-Größe enorme Weiterentwicklungen (insbesondere im Materialbereich) notwendig, um den elektrisch erregten Generator auf fertigungs-, transport- und montagetechnisch handhabbare Durchmesser bzw. Teilkomponenten zu bringen (Abb. 60 a, b).

Permanent erregte Synchrongeneratoren nach Abb. 59 f erlauben (im Vergleich zu elektrisch erregten Einheiten), höhere Polzahlen am Umfang der Maschine anzuordnen, um die mechanische Energie der Windturbine bei niedriger Drehzahl getriebelos oder mit nur einer Getriebestufe in elektrische Energie umzuwandeln.

Beim Einsatz hochwertiger Permanentmagnetwerkstoffe (Neodym-Magnete) lassen sich somit kleine Baugrößen (Abb. 58 und 61) bei Generatoren und günstigere Wirkungsgrade – insbesondere im Teillastbereich – erzielen. Allerdings sind die Materialkosten für derartige Maschinen wesentlich höher. Da die Kosten zwischen konventionellen Materialien (Dynamobleche, Kupferleiter) und Magnetwerkstoffen sehr stark (um das ca. 5- bis 10-Fache) differieren, müssen neue Auslegungsverfahren angewandt werden, um derartige Generatoren wirkungsgrad- und kostengünstig dimensionieren zu können.

a) 2-MW-Generator b) 4,5- bis 6-MW-Generator
Abb. 60 a) + b): Elektrisch erregte Synchrongeneratoren für getriebelose Windkraftanlagen

Abb. 61: Maschinenkopf der getriebelosen Windkraftanlage Vensys 600 mit permanenterregtem Synchrongenerator

Asynchrongeneratoren

Wird im Gegensatz zu rotierenden Permanent- oder Elektromagneten eine Dreiphasen-Drehstromwicklung im Stator einer Maschine durch Netzeinspeisung mit Drehstrom durchflossen, entsteht ebenfalls ein rotierendes Magnetfeld. Dieses Drehfeld erzeugt in den Leitern des Läufers einer Maschine Ströme. Läufer mit kurzgeschlossenen Leitern werden Kurzschluss- oder (aufgrund ihrer Bauform) Käfigläufer genannt. Die Ströme im Läufer haben eine Frequenz entsprechend der Differenz zwischen mechanischer Läufer-Drehzahl und durch das Netz vorgegebener Drehfeld-Drehzahl[5]. Diese Ströme rufen im Läufer ein Drehmoment in der Richtung des Drehfeldes hervor. Der Läufer einer derartigen **Asynchronmaschine** kann also dem Drehfeld nicht voll folgen: sie läuft daher asynchron. Treibt man diese vom Netz mit konstanter Spannung und Frequenz gespeiste Asynchronmaschine z. B. durch ein Windrad über die Synchrondrehzahl hinaus an, so wird sie zum Asynchrongenerator: Sie gibt elektrische Leistung an das Netz ab. Asynchronmotoren wie Asynchrongeneratoren benötigen zum Aufbau ihres magnetischen Drehfeldes bzw. zu ihrer elektromagnetischen Erregung induktive Blindleistung, die aus dem Netz oder aus Kondensatorbatterien entnommen werden kann.

Kleine und mittelgroße Windenergieanlagen werden entsprechend (Abb. 59a) im Netzbetrieb fast ausschließlich mit Asynchronmaschinen bestückt. Weltweit waren dies bis zur 1-MW-Klasse ca. 95 %. In Deutschland wurden bereits Mitte der 90er-Jahre hingegen nur etwas mehr als 70 % der Windkraftanlagen mit Asynchrongeneratoren ausgerüstet. Der besonders günstige Anschaffungspreis, speziell für kleine Generatoren und die nachgiebige Drehzahl-Leistungscharakteristik begünstigten ihren

---

[5] *Der sogenannte Schlupf ist die bezogene (dimensionslose) Größe von Drehfeld-Drehzahlen minus mechanischer Läuferdrehzahl geteilt durch die Drehfeld-Drehzahl.*

Einsatz. Große Asynchrongeneratoren haben dagegen ein fast ebenso „starres" Drehzahl-Verhalten wie Synchrongeneratoren. Der relativ kleine Schlupf von 0,5 bis 1 % reicht jedoch aus, Leistungsänderungen zu mindern und Schwingungsanregungen zu dämpfen. Bis heute werden Windkraftanlagen mit direkt netzgekoppelten Asynchrongeneratoren bis etwa 1 MW eingesetzt. 1,3 bzw. 1,5 MW bilden eher Ausnahmen. Diese Systeme besitzen allerdings keine netzbildenden und netzstützenden Eigenschaften. Somit werden diese für einen zukünftigen Einsatz nur wenige begrenzte Möglichkeiten bieten.

Zwischen Synchron- und Asynchron-Maschinen bestehen im MW-Bereich keine gravierenden Preisunterschiede mehr. Ferner wird bei größeren Einspeiseleistungen von den Energieversorgungsunternehmen eine Ausstattung mit Synchrongeneratoren bevorzugt, zumal dann über die Erregung eine Deckung des Blindleistungsbedarfs im Netzbetrieb möglich ist.

Ein drehzahlvariabler Betrieb der Windturbine ist durch Energieeinspeisung aus Asynchrongeneratoren mit Kurzschlussläufer über Umrichter (Abb. 59 b) oder durch Verwendung von doppeltgespeisten Asynchrongeneratoren entsprechend Abb. 59 c möglich. Hierbei wird über Schleifringe niederfrequenter Wechselstrom in den Läufer eingespeist. Weiterhin können läuferseitig entnommene Schlupfenergieanteile mit übersynchronen Stromrichterkaskaden durch dynamische Schlupfregelung in Wärme umgesetzt oder in das Netz zurückgespeist werden. Beide Systeme konnten sich nicht am Markt durchsetzen.

Periodische Anregungen im Windradbetrieb, z. B. durch Turmschatteneinflüsse, können zu Schwingungen im gesamten Aufbau führen. Der Triebstrang mit Wellen, Kupplungen, Getriebe und Generator muss deshalb so ausgelegt sein, dass Pendelungen im System vermieden bzw. ausreichend gedämpft werden. Steifigkeit und Dämpfungsverhalten sowie die Schwungmassen der mechanischen Komponenten vom Windrad bis zum Generator müssen daher aufeinander abgestimmt sein.

6.4 Maschinenhausausführungen

Das Maschinenhaus bzw. die Turmkopfausführung einer Windkraftanlage wird hauptsächlich durch die Form und die Ausführung des Triebstranges bzw. dem eingesetzten Generator bestimmt. Bei kleinen Einheiten wird auf möglichst kompakte Bauweise großen Wert gelegt (Abb. 62). Leichtbauweise ermöglicht bei Kleinstanlagen die Installation, Wartung, Instandhaltung und Reparatur am Boden mithilfe von Errichtungswinden. Abdeckungen und Umkleidungen dienen bei kleinen Einheiten dem Witterungsschutz und zum Teil auch der Kühlluftführung.

a) Ohne Abdeckung
b) Mit Verkleidung
Abb. 62 a) + b): Maschinenkopf einer 5-kW-Anlage Aerosmart

Anlagen im 10- bis 100-kW-Bereich werden im Allgemeinen von außen bestiegen und haben meist Standflächen für Montage- und Wartungsarbeiten (Abb. 63). Anlagen im 0,5- bis 5-MW-Bereich sind hingegen mit begehbaren großräumigen Maschinenhauskonstruktionen ausgestattet (Abb. 56 bis 58).

Herkömmliche Getriebe-Generator-Systeme benötigen bei einer aufgereihten Anordnung von Turbinenlagerung, Getriebe und Generator durch zwischengelagerte Wellen und Kupplungen relativ lang gestreckte Maschinenhauskonstruktionen. Flanschverbindungen und z. B. in Getriebe teilweise oder voll integrierte Naben und Generator-Lagerungen führen zu wesentlich kompakteren Bauweisen. Getriebelose Ausführungen werden durch den großen Generatordurchmesser bei relativ kurzer Baulänge dominiert. Viele Hersteller sind dazu übergegangen, bei Anlagen unterschiedlicher Größe weitgehend gleiches, typisches Design des Maschinenkopfes beizubehalten.

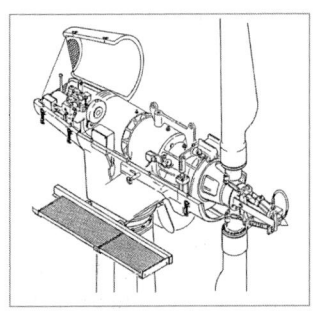

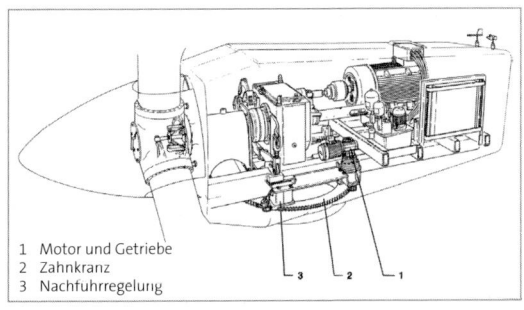

1 Motor und Getriebe
2 Zahnkranz
3 Nachfuhrregelung

a) 30-kW-Anlage
b) 200-kW-Anlage
Abb. 63 a) + b): Maschinenkopf einer kleinen Windkraftanlage

Das Maschinenhaus von Windkraftanlagen wird vorzugsweise aus glasfaserverstärktem Kunststoff hergestellt. Metallgehäuse sind aufwendiger bei der Herstellung. Allerdings wird dadurch die Brandgefahr reduziert, der Blitzschutz durch einen sogenannten Faradaykäfig erhöht, die Kühlung an der Metalloberfläche verbessert und das Recycling vereinfacht.

Große Windkraftanlagen haben Maschinenhausausführungen, die durchaus die Größe von Mehrfamilienhäusern erreichen. Die getriebelose Enercon E112 hat ein Maschinenhaus mit mehr als 12 m Durchmesser und über 25 m Länge. Bei der konventionellen REpower-5M-Ausführung sind immerhin über 7 m Höhe und mehr als 22 m Hauslänge zu verzeichnen. Mit knapp 12 m Länge und weniger als 7 m Durchmesser weist die Multibrid M5000 die kompakteste Bauweise auf.

Im Maschinenhaus von Mittel- und Großanlagen sind hauptsächlich Lüftungs- und Kühlsysteme (für Generator und Getriebe) sowie Versorgungseinrichtungen (für Windrichtungsnachführung, Blattverstellantrieb etc.) untergebracht. Weiterhin können auch die Regelung, Betriebsführung, Umrichter etc. bis hin zu Mittelspannungstransformatoren zur Netzanbindung der Anlage im Maschinenhaus oder im Turmfuß platziert werden. Für Anlagen im Offshore-Bereich müssen darüber hinaus auf dem Maschinenhaus Landeplattformen für das Wartungspersonal vorgesehen werden, damit die Anlage mithilfe von Helikoptern auch bei hohem Seegang zugänglich ist.

6.5 Windrichtungsnachführung

Vertikalachsenturbinen können bei gleichem Leistungsvermögen aus allen Windrichtungen beliebig angeströmt werden. Im Gegensatz dazu müssen Horizontalachsen-Anlagen der Windrichtung nachgeführt werden, um volles Leistungsvermögen der Turbine zu erreichen. Eine Schräganströmung, d. h. eine Winkelabweichung zwischen der Rotorachse und der Windrichtung, hat einen Leistungsabfall zur Folge. Die Nachführung der Turbine kann erfolgen durch Luftkräfte
- mithilfe von Windfahnen oder
- Seitenrädern bzw.
- durch selbstständige Ausrichtung von leeseitig angeordneten Windrädern oder
- durch aktive, motorische Azimutantriebe.

Kleine Anlagen im W- bis kW-Bereich werden meist durch Windfahnen gesteuert (Abb. 64). Einheiten in der 10-kW-Klasse werden hingegen passiv als Leeläufer (Abb. 65) durch Windkräfte oder mithilfe eines Seitenrades in die Richtung des Windes gebracht (Abb. 66).

Abb. 64: Kleinanlage mit Windfahne    Abb. 65: Passive Nachführung durch Leeläufer 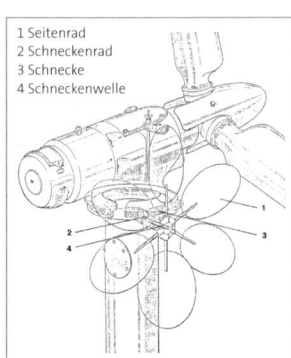   Abb. 66: Seitenrad-Nachführung

1 Seitenrad
2 Schneckenrad
3 Schnecke
4 Schneckenwelle

Die Nachführung von Anlagen bis in den 100-kW-Bereich erfolgt im Insel- oder Alleinbetrieb vielfach durch zwei Seitenräder. Bei kleinen sowie mittelgroßen Anlagen bereits ab dem 10-kW-Bereich im Netzbetrieb und bei großen Einheiten wird eine elektromotorische Nachführung bevorzugt (Abb. 56 und 57 im Vordergrund). Hydraulikantriebe kommen nur in Ausnahmefällen bei Großanlagen zum Einsatz. Durch Windrichtungsänderungen hervorgerufene Drehbewegungen des Maschinenhauses werden über Scheibenbremsen im Nachführsystem abgebremst. Somit lassen sich Schäden in Nachführgetrieben vermeiden.

6.6 Turm

Ein wesentlicher Faktor für die Energielieferung und somit auch für die Wirtschaftlichkeit einer Windkraftanlage ist die Naben- bzw. Turmhöhe, da die Windgeschwindigkeit entsprechend der Höhe über Grund ansteigt (Kap. 4). Bei kleineren Anlagen spielen vor allem Hindernisse (Hügel, Häuser, Bäume etc.) eine große Rolle. Der Rotor sollte daher möglichst frei von derartigen Störeinflüssen in entsprechender Höhe angeordnet werden. Somit stellt der Turm meist das größte Bauteil einer Windkraftanlage dar. Er soll daher eine visuell ansprechende Form aufweisen und die Luftströmung, z. B. durch Turmschatten bzw. Turmstaueffekte, möglichst wenig beeinflussen.

Bekannte Bauarten für Türme sind hauptsächlich Rohrkonstruktionen aus Beton oder Stahl. Bei großen Höhen kommen Stahlgittermasten wieder auf den Markt. Rostfreie Legierungen finden aus Kostengründen nur in Sonderfällen ihren Einsatz. Momentan werden Stahlrohrtürme als Rund- oder z. T. als Vieleckkonstruktionen bevorzugt. Aus Transportgründen werden diese meist in etwa vier Teilstücken mit Flansch- und vorbereiteten Kabelverbindungen ausgeführt. Turmabschnitte mit mehr als 4,20 m Durchmesser lassen sich z. B. in zwei oder drei Segmenten fertigen und transportieren.

Schleuderbetonmasten in konischer Bauform wurden bisher bis zur 0,5-MW-Klasse gefertigt. Betontürme in Schalkonstruktionen gewinnen bei Großanlagen aus Masse- und Transportgründen an Bedeutung. Neue, hochgenaue Fertigungsverfahren sowie segmentierte Bauweisen lassen neue Perspektiven erwarten.

Rohr- oder Gitter-Türme mit Seilabspannung kommen vor allem aus Montagegründen bei kleinen Windkraftanlagen zum Einsatz.

Türme neigen stets zu Schwingungen. Durch entsprechende Wahl der Eigenfrequenz von Rotor und Turm lassen sich diese beherrschen.

6.7 Regelung und Betriebsführung

Die Vorgänge bei der Betriebsführung und Regelung von Windenergieanlagen werden beim Vergleich mit der Arbeitsweise einer üblichen elektrischen Energieversorgungsanlage, z. B. einer Gasturbine oder einem Dieselaggregat, deutlich. Diese Aggregate erlauben mithilfe ihrer Anlagenregelung, die Brennstoffzufuhr und damit den erforderlichen Betriebszustand einzustellen. Somit wird die Einspeiseleistung lang- und kurzfristig an die sich ändernden Verbraucherverhältnisse in dem systembedingten Leistungsrahmen angeglichen.

Für Windenergieanlagen entfällt die Möglichkeit, auf das Primärenergieangebot, d. h. auf die Windstärke, Einfluss zu nehmen. Eine Veränderung der Leistung ist nur in Richtung geringeren Energieumsatzes möglich. Wird der gesamte Rotor aus dem Wind gedreht, wie dies bei langsam laufenden Westernrädern üblich war, dürfen bei Turbinen diese Verstellvorgänge aufgrund hoher Kreiselkräfte nur sehr langsam erfolgen. Wesentlich schneller arbeitet dagegen eine Blattverstelleinrichtung. Bei ihr sind nur wenige Winkelgradveränderungen notwendig, um z. B. die Leistung zu halbieren. Je nach Größe des Trägheitsmomentes der Blätter um die Längsachse und dem z. B. durch einen Motor aufgebrachten Blattverstellmoment geschieht dies im Sekundenbereich. Auch durch Drehzahlvariation lässt sich die Windradleistung verändern. Die Beeinflussung der Spannung bzw. Blindleistung ist z. B. beim Synchrongenerator über die elektrische Erregung oder über den Umrichter möglich.

Hauptproblem für den geregelten Betrieb von Windenergieanlagen ist das schwankende Primärenergieangebot. Zu unterscheiden sind dabei kurzzeitige, vielfach periodische Variationen sowie mittel- und langfristige Schwankungen.

Kurzzeitige Fluktuationen, z. B. durch Böen, beeinflussen die Anlagendynamik. Eine Überbeanspruchung von Komponenten, negative Einwirkungen auf die Regeleigenschaften u. Ä. können die Folge sein. Schwankungen der elektrischen Ausgangsgrößen

(Spannung, Frequenz, Leistung) werden dadurch verursacht. Die Funktionstüchtigkeit der Anlage sowie der Einsatz und die Integrationsfähigkeit in bestehende Versorgungssysteme können somit beeinträchtigt werden.

Mittel- und langfristige Schwankungen (im Bereich oberhalb von ca. einer Minute bis hin zu jahreszeitlichen Veränderungen) werfen Verfügbarkeitsfragen auf und führen zum generellen Problem der Energiebereithaltung bzw. -speicherung.

Für die Regelung eines Windenergiekonverters sind die kurzzeitigen Windgeschwindigkeitsänderungen von Bedeutung, während die Betriebsführung auch Variationen im mittelfristigen Bereich zu berücksichtigen hat. Von der Betriebsführung und der Anlagenregelung wird gefordert, dass sowohl den Eigenschaften und Anforderungen der Netze und Verbraucher als auch denen der Anlage selbst und ihrer Komponenten in ausreichendem Maße Rechnung getragen wird. Auf diese Anforderungen soll zunächst kurz eingegangen werden.

- **Anforderungen und Betriebsarten**

Die Regelung und die Betriebsführung einer Windenergieanlage muss interne Gegebenheiten (Eigenschaften der Baugruppen und deren Zusammenspiel) berücksichtigen sowie externe Vorgaben (Netzbetreiber- und Verbraucherwünsche, Bestimmungen für Netzparallelbetrieb) einhalten.

Durch die Betriebsführung werden über logische Verknüpfungen Entscheidungen gefällt. Dabei wird überwacht, ob Ablaufpläne befolgt, Grenzwerte eingehalten werden u. Ä. Die Regelung hingegen muss auf die Anlage zugeschnittene und von der Betriebsführung vorgegebene Werte einhalten. Soweit es mit den Reaktionsgeschwindigkeiten zu vereinbaren ist, sollten Vorgaben der Betriebsführung über die Regelungseinheiten erfolgen. Damit wird bei Eingriffen der Komponenten- und der gesamten Anlagendynamik Rechnung getragen. Ausnahmen sollten nur aus sicherheitstechnischen Gesichtspunkten (Schnellabschaltvorgänge bei Störungen usw.) zugelassen werden.

Neben den üblichen Eigenschaften für Anlagen zur Energieumwandlung (hoher Wirkungsgrad, lange Lebensdauer, niedrige Kosten, Wartungsfreundlichkeit, Umweltverträglichkeit usw.) sind für den Betrieb von Windenergiekonvertern zusätzlich zu fordern:
- automatische Inbetriebnahme und selbsttätiges Stillsetzen in Abhängigkeit von den Wind-, Anlagen- und Netzgegebenheiten,
- sicherheitstechnische Überwachung der Anlagenkomponenten durch eine Betriebsführungseinheit mit Fernabfrage und Störungsmeldungen beim Betreiber bzw. Hersteller und Wartungsdienst,
- Möglichkeit zur Regelung der Anlagendrehzahl und der elektrischen Ausgangsleistung,

- separater, von der Regelung unabhängiger Schutz zur schnellen Begrenzung der Leistungsaufnahme des Windrades bei zu großem Windenergieangebot,
- auf den Energieabnehmer abgestimmtes Verhalten aller elektrischen Anlagenteile in Hinblick auf Netzeinwirkungen, Spannungseinbrüchen u. Ä.

Zwischen Insel- und Netzbetrieb unterscheiden sich die Anforderungen. Im Inselbetrieb sind einerseits anlagenspezifische Gegebenheiten zu berücksichtigen. Andererseits müssen die Ansprüche der Verbraucher genau definiert und eingehalten werden. Für den Netzbetrieb sind überdies die örtlich vorgegebenen Bedingungen für den Parallelbetrieb von Stromerzeugungsanlagen mit dem Netz, die sogenannten „Technischen Anschlussbedingungen" (TAB) [43, 44], zu erfüllen.

- **Inselbetrieb von Windkraftanlagen**

Der Windenergiekonverter ist im sogenannten Inselbetrieb nicht mit einem elektrischen Versorgungsnetz verbunden, sondern er versorgt die angeschlossenen Verbraucher direkt. Zur mechanisch-elektrischen Energieumwandlung ist im Alleinbetrieb, d. h. bei einem Versorgungssystem mit nur einer Einspeiseeinheit, insbesondere der spannungsgeregelte Synchrongenerator (SG) geeignet. Der Einsatz eines Asynchrongenerators (ASG) erfordert bei gewünschter Spannungskonstanz die Bereitstellung von geregelter Erregerblindleistung. Die Ansprüche der Verbraucher an die maximale Schwankungsbreite von Spannung und Frequenz am Generator sowie durch Anlagenkomponenten vorgegebene Höchstdrehzahlen grenzen die Variationsmöglichkeiten ein und bestimmen die regelungstechnische Konzeption.

Als besondere Charakteristika für den Inselbetrieb können üblicherweise die Drehzahlregelung am Windrad und die Spannungsregelung am Generator angesehen werden. Hier sind im Wesentlichen zwei Anwendungsgebiete zu berücksichtigen:
- Versorgung einfacher elektrischer Verbraucher, die keine hohen Anforderungen an die Konstanz von Generatorfrequenz und -spannung stellen (z. B. Heizung), und
- Versorgung von elektrischen Verbrauchern, zu deren sicherem Betrieb Frequenz und Spannung des Generators nur in einem kleinen Bereich schwanken dürfen (z. B. elektronische Geräte).

Für den Inselbetrieb kommen überwiegend Kleinanlagen zum Einsatz. Aufgrund des erheblichen Aufwands für eine regelbare Blattverstellung werden kleine Windturbinen meist ohne Blattverstelleinrichtung ausgeführt. Bei Windgeschwindigkeiten über dem Nennbereich muss die Turbinenleistung auf den Maximalwert der Generatorleistung begrenzt werden. Dies kann durch eine mechanische Abschaltvorrichtung (z. B. Bremsklappenmechanismus an den Flügeln) erreicht werden. Wird beim Betrieb der Anlage auch die Leistungsabnahme bei Böen z. B. über zusätzliche Lasten (Dump loads) garantiert, so lässt sich die Windkraftanlage mithilfe des elektronisch geregelten Lastsystems aktiv oder passiv in den sogenannten Stall (s. Netzbetrieb) führen und in ihrer Turbinenleistung regeln.

Windkraftanlagen mit Blattverstellung können – unabhängig von der aktuellen Verbraucherleistung – bis zu sehr hohen Windgeschwindigkeiten betrieben werden. Ihr Anlaufverhalten lässt sich zudem durch die Blattstellung beeinflussen.

Ein Drehzahlregler bewirkt durch Veränderung des Blatteinstellwinkels, dass die Drehzahl bei genügend hoher Windgeschwindigkeit etwa konstant gehalten werden kann. Eine einfache Ausführung zur Drehzahlregelung durch Variation des Blatteinstellwinkels kann durch den Einsatz eines hydraulischen oder mechanischen Fliehkraftreglers erreicht werden. Mit einer solchen Einrichtung lässt sich die Generatordrehzahl und somit die Frequenz in einem Bereich von ca. ±10 % regeln. Dies ist für die Versorgung einer Vielzahl von robusten elektrischen Verbrauchern (z. B. einfachen Motoren, Kühlaggregaten usw.) ausreichend.

Eine deutliche Verbesserung des Regelungsverhaltens und der Frequenzkonstanz kann durch Verwendung einer elektrischen oder elektrohydraulischen Blattverstelleinrichtung realisiert werden. Hier sind hohe Blattverstellgeschwindigkeiten und (durch die Verwendung elektronischer Regler) eine exakte Anpassung der Regeldynamik an das Verhalten der Regelstrecken zu erreichen. Frequenzschwankungen können dann auf ±1 % begrenzt werden.

Um den üblichen Anforderungen elektrisch anspruchsvoller Verbraucher entsprechen zu können, sind auch im Teillastbereich des Windenergiekonverters die Generatorspannung sowie die Frequenz und damit die Drehzahl nahezu konstant zu halten. Dazu muss die Belastung immer kleiner als die vom Wind angebotene Leistung sein. Hierzu müssen die zu versorgenden Verbraucher in Abhängigkeit der Frequenz zu- oder abgeschaltet werden. Allerdings braucht die abgenommene Leistung nicht kontinuierlich variierbar zu sein, sondern sie kann in Stufen, also über die Zu- und Abschaltung einzelner Verbraucher bzw. einzelner Verbrauchergruppen, verändert werden. Zu häufige Schaltvorgänge und die damit verbundenen Laststöße müssen jedoch vermieden werden.

- **Netzbetrieb von Windkraftanlagen**

Die Windenergieanlage arbeitet an einem Wechselstromversorgungsnetz großer Leistung, das seinerseits nahezu konstante Frequenz und nur geringfügig schwankende Spannung hat. Andererseits unterliegt die Turbine lang- und kurzfristigen Windgeschwindigkeitsänderungen sowie periodischen Einwirkungen z. B. durch Turmstau und Höhenprofil der Windgeschwindigkeit. Deren Auswirkungen auf die Ausgangsleistung der Windenergieanlage und auf die mechanische Belastung der Komponenten lassen sich je nach Anlagenaufbau und Regelungsverfahren beeinflussen. Es kann unterschieden werden zwischen Windenergiekonvertern, die mit nahezu gleichbleibender Drehzahl arbeiten, und Anlagen, deren Rotordrehzahl variabel einstellbar ist.

Um eine Überlastung zu vermeiden, muss die Leistungsaufnahme der Anlage über die Blattverstelleinrichtung oder durch Betrieb im Strömungsabriss begrenzt werden. Bei der Aufschaltung von Asynchron- oder Synchronmaschinen auf das Netz entstehen – je nach Drehzahl und Stellung des Rotors – unterschiedliche Einschaltströme. Diese können zu hohen Drehmomentstößen führen und in ungünstigen Fällen sogar Schäden verursachen. Die Netzverbindung muss daher durch sanfte Zuschalt- bzw. Synchronisationseinrichtungen übernommen werden, wobei der Einschaltstrom kontrolliert auf seinen Maximalwert geführt wird.

Zur Begrenzung und Beeinflussung der Leistungsaufnahme aus dem Wind kann nach der in Kapitel 6.1 beschriebenen Weise eine Regelung (z. B. durch elektromotorische oder hydraulische Verstellantriebe) erfolgen. Die **Blatteinstellwinkel-Regelung** wird in allen Leistungsklassen angewandt. Der Generator hat wesentlichen Einfluss auf das Betriebsverhalten einer Windkraftanlage. Besondere Beachtung muss dabei großen Leistungsschwankungen und damit verbundenen Bauteilbeanspruchungen zukommen.

Beim Einsatz von Synchrongeneratoren wird die Windradleistung praktisch verzögerungsfrei an das Verbundnetz abgegeben. Trotz einstellbarer Blindleistung konnte sich deshalb der Synchrongenerator bei direkter Netzkopplung von Windkraftanlagen nicht am Markt durchsetzen.

Der Einsatz sehr einfach aufgebauter und daher robuster Asynchrongeneratoren hat gegenüber der Verwendung von Synchrongeneratoren entscheidende Vorteile. Eine drehzahlstarre Kopplung mit dem Netz ist nicht gegeben. Leistungsabhängige Drehzahlvariation im Bereich der Schlupfwerte kann z. B. Laststöße abbauen. Bei der Netzzuschaltung werden leistungselektronische Sanftanlaufschaltungen bevorzugt. Damit können auch Einschalt-Flicker klein gehalten werden (vgl. Kap. 8). Darüber hinaus lassen sich vor allem bei kleinen und mittleren Leistungen im kW- und 100-kW-Bereich durch den Einsatz von Asynchrongeneratoren sehr preiswerte Lösungen erzielen. Weiterhin können Leistungsschwankungen und Bauteilbeanspruchungen durch besondere Auslegung des Generators mit erhöhtem Schlupfbereich vermindert werden, wobei allerdings im Betrieb geringfügig größere Verluste auftreten. Der wesentliche Nachteil bei Verwendung von Asynchrongeneratoren besteht darin, dass im Gegensatz zu Synchronmaschinen die zur Erregung notwendige induktive Blindleistung vom Netz oder einer Kompensationseinrichtung bereitgestellt werden muss.

NUTZUNG DER WINDENERGIE

a: anliegende Strömung

b: abgerissene Strömung

c: Kräfte bei anliegender Strömung

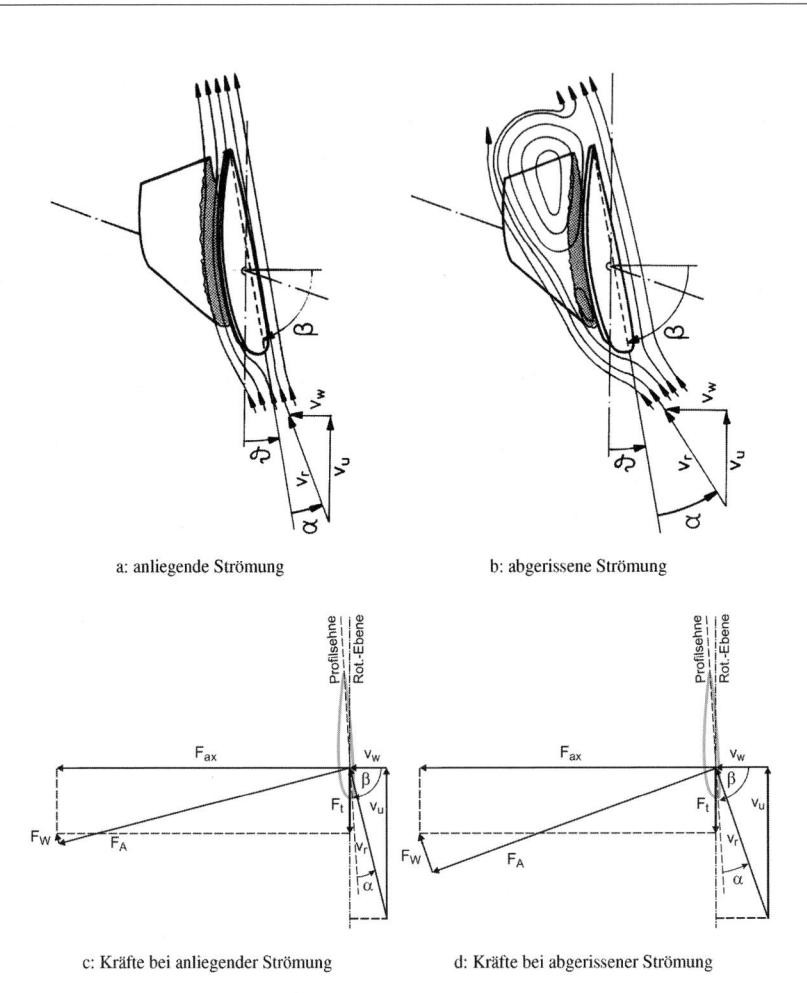

d: Kräfte bei abgerissener Strömung

Abb. 67: Strömungsverhältnisse bei Windgeschwindigkeitsanstieg v_w von (a) nach (b) und Kräfte am Rotorblatt (c) und (d)

- **Passiv-Stall-Regelung**

Bei Windkraftanlagen bis zur MW-Klasse wenden die Hersteller (national und insbesondere international) überwiegend das Prinzip der sogenannten **Passiv-Stall-Regelung** zur Begrenzung der Windradleistung an. Im Normalbetrieb herrscht an den Rotorblättern anliegende Strömung vor, was große Auftriebswerte und günstige aerodynamische Wirkungsgrade zur Folge hat. Nähert sich die Windgeschwindigkeit dem Wert, bei dem der Generator seine maximale Dauerleistung erreicht und eine weitere Drehmomenterhöhung des Rotors verhindert werden muss, gelangen die Blattprofile in den Bereich ihres Strömungsabrisses, den sogenannten Stallbetrieb (Abb. 67). Die

Auftriebskraft F_A nimmt trotz wesentlich größerer Windgeschwindigkeit nur unwesentlich zu und die Widerstandskraft F_W an den Rotorblättern steigt an, sodass der leistungsbildende tangentiale Anteil F_t weitgehend gleichbleibt. Dieser Vorgang geschieht passiv automatisch und ohne bewegliche Teile wie Blattverstellung o.Ä. und somit auch ohne Verzögerung. Allerdings muss bei derartigen Anordnungen die Stabilität der Flügel beim Wechselspiel von anliegender und abreißender Strömung am Blattprofil gewährleistet werden. Das wird meist durch sehr massive Bauformen erzielt.

Fast alle bekannten Anlagen dieser Art sind mit Asynchrongeneratoren ausgerüstet. Ihre sichere Funktion ist allerdings nur gegeben, wenn das Windrad mit ausreichendem Drehmoment (Widerstandsmoment) durch den Generator in seiner Drehzahl am Netz gehalten werden kann. Die installierte Generatorleistung wird daher i. Allg. höher gewählt als bei blattwinkelgeregelten Anlagen.

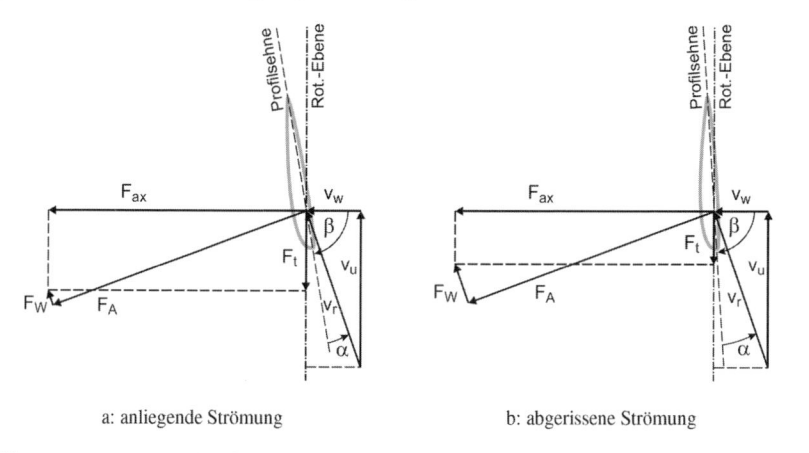

a: anliegende Strömung   b: abgerissene Strömung

Abb. 68: Anströmung und Kräfte am Rotorblatt mit gleicher Windgeschwindigkeit bei Aktiv-Stall-Verstellung

- **Aktiv-Stall-Regelung**

Durch Verstellung der Rotorblätter in entgegengesetzter Richtung zur Blatteinstellwinkelregelung lässt sich der Stallbereich aktiv beeinflussen und die Turbinenleistung durch Veränderung der tangential wirkenden Umfangskraft F_t nach Abb. 68 auf die gewünschten Maschinen-, Netz- oder Verbrauchererfordernisse angleichen. Dabei reichen bereits wenige Grad Blattverstellbereich aus, um die Anlage z.B. vor Überlast zu schützen oder der geforderten Leistung anzupassen.

NUTZUNG DER WINDENERGIE

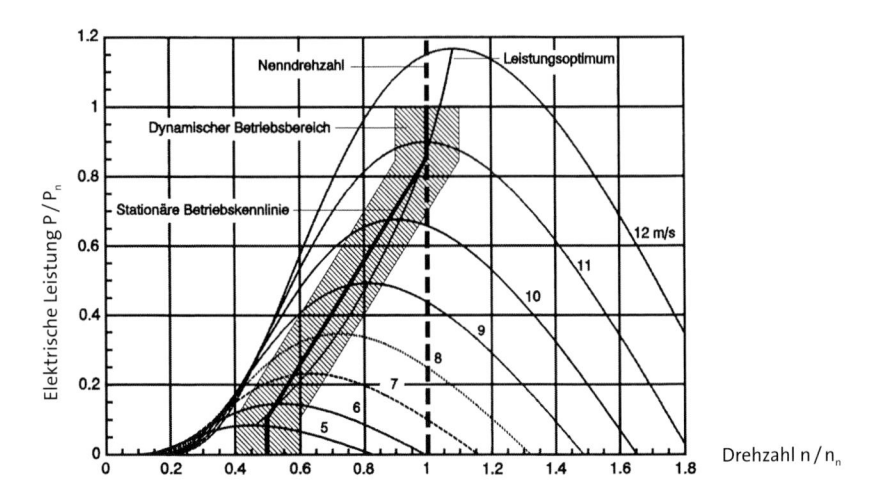

Abb. 69: Leistungs-Drehzahl-Kennfeld und Betriebsbereiche von Windturbinen (Parameter Windgeschwindigkeit): (a) Nenndrehzahl, (b) Leistungsoptimum, (c) Dynamischer Betriebsbereich, (d) Stationäre Kennlinie

Bei fester mechanischer Kopplung zwischen Windrad und Generator kann bei Netzeinspeisung über Umrichtersysteme ein **drehzahlvariabler Betrieb der Windenergieanlage** zugelassen werden. Dabei sind viele Vorteile zu erreichen:
- Die Leistungswerte der Anlage lassen sich nach Abb. 69 (b), (c), (d) durch Einstellen einer günstigen Rotordrehzahl (innerhalb eines Arbeitsbereiches) gegenüber den Möglichkeiten beim netzstarren Betrieb von Synchron- und Asynchronmaschinen nach Abb. 69 (a) erhöhen [45]. Die elektrische Ausgangsleistung kann bei Windgeschwindigkeitsschwankungen durch Drehzahlnachführung stark geglättet werden. Die großen rotierenden Massen von Windrad und Generatorläufer erfüllen die Funktion eines kurzzeitigen Schwungradspeichers.
- Durch Ausweichen des Windrades zu höheren Drehzahlen bei Böen werden die dynamischen Belastungen vermindert und die Anlagenteile der mechanischen Energieübertragungsstrecke (Rotorblätter, Naben, Wellen, Kupplungen, Getriebe) entlastet.
- Zugelassene Drehzahlschwankungen erfordern weniger Eingriffe und geringere Geschwindigkeiten bei der Blattverstellung. Damit verbundene mechanische Belastungen können ebenfalls niedrig gehalten werden.
- Hierfür einsetzbare Energiewandlersysteme sind bereits in Kap. 6.3 ausgeführt. Nähere Erläuterungen werden in [1], [46], [47] und [48] gegeben.

- Stall- sowie blattwinkelgeregelte Anlagen mit Asynchrongenerator und Getriebe oder mit direktem Turbinenantrieb und Synchrongenerator, die über gesteuerte Gleichrichter, Gleichstromzwischenkreis und netz- bzw. selbstgeführtem Wechselrichter am Netz arbeiten, erreichen hervorragende Betriebsergebnisse (Abb. 59 b, d, e, f). Sie werden vor allem von deutschen Herstellern bis in den 6-MW-Bereich angeboten. Auch Anlagen in kleinen Leistungsbereichen sind zum Teil mit dieser Technologie verfügbar.
- Die doppeltgespeiste Asynchronmaschine kam – bei historisch bedeutenden Anlagen der 3-MW-Klasse erstmals im GROWIAN und später in der MOD 5B – bereits in den 80er-Jahren zum Einsatz. Sie erlaubt für einen durch den läuferseitigen Umrichter vorgegebenen Drehzahlbereich völlige Drehzahl- bzw. Frequenzentkopplung vom Netz bei gleichzeitiger Möglichkeit zur Spannungs- bzw. Blindleistungsregelung. Dies wird durch drehfeldorientierte Speisung [1], [46], [48], [49], [50] des Schleifringrotors mit der Differenzfrequenz zwischen mechanischer Drehung des Läufers und elektrischer Rotation des Statorfeldes erreicht. Die Variationsbreite der Drehzahl – z. B. ± 30 % – wird wesentlich durch die Auslegung der Umrichter – z. B. mit 30 % der Generatornennleistung – bestimmt.

Neue Entwicklungen in der Rechentechnik sowie in der Ansteuer- und Leistungselektronik erlauben einen kostengünstigen Einsatz von Frequenzumrichtern mit feldorientierter Speisung. Daher ermöglichen doppeltgespeiste Asynchronmaschinen weitgehend rückwirkungsfreie Energieeinspeisung bei gutem Wirkungsgrad. Somit bietet dieses Wandlerkonzept nahezu ähnliche günstige Regelungsmöglichkeiten wie Asynchron- oder Synchronmaschinen mit Vollumrichtern, wobei wesentlich kleiner ausgeführte Umrichter notwendig sind. Dies sind Gründe, weshalb momentan die meisten deutschen Hersteller vor allem bei Anlagen im MW-Bereich dieses Wandlerkonzept am Markt etablieren konnten. Auch ein amerikanischer Hersteller (GE, früher Tacke) und ein dänischer Produzent (Vestas) haben sich dieser Konzeption angeschlossen.

6.8 Sicherheitssysteme und Überwachungseinrichtungen

Neben den üblichen Anlagen-, Regelungs- und Betriebsführungskomponenten sind weitere Überwachungs- und Sicherheitssysteme bei der Führung und Sicherung der Anlage zu berücksichtigen. Diese können sich aus anlagen-, netz- oder standortspezifischen Erfordernissen ergeben. Dazu gehören Mess- und Überwachungssysteme für Temperatur, Druck, Feuchte, Beschleunigung, Schwingung, Spannung etc. Weiterhin sind Einrichtungen zur Beleuchtung im Turm, Maschinenhaus und in der Netzstation sowie eine automatische Kabelentdrillung und die Flugbefeuerung in Betracht zu ziehen. Darüber hinaus sind Maßnahmen gegen Blitzschlag und sonstige extreme Einwirkungen wie Erdbeben, Tornados etc. zu berücksichtigen. Anforderungen und Ausführungshinweise für Sicherheitssysteme sind in [51] ausgeführt.

- **Schutzeinrichtungen**

Beim Betrieb der Anlage dürfen Grenzwerte der Drehzahl, Leistung, Windgeschwindigkeit sowie zulässige Verzögerungs- und Kurzschlussmomente bzw. Schwingungen etc. nicht überschritten werden. Weiterhin werden in allen Betriebszuständen u. a. Öldruck und Temperatur in Getriebe und Generator sowie in Stelleinrichtungen etc. von der Betriebsführung überwacht und der Netzzustand kontinuierlich überprüft. Aerodynamische, mechanische sowie elektrische Bremssysteme dienen zum Schutz vor Überdrehzahl und zum Stillsetzen des Rotors (Kap. 6.1).

Bei Spannungs- und Frequenzabweichungen, die z. B. 10 bzw. 5 % der Sollwerte überschritten haben, wurde die Anlage bisher vom Netz getrennt. Neue Richtlinien hingegen fordern, das Netz bis zu Spannungseinbrüchen auf 15 % des Nennwertes durch höchstmögliche Wirk- und Blindleistungseinspeisung wirkungsvoll zu stützen.

In den Mess- und Regelkreisen, am Generator sowie an Versorgungseinrichtungen etc. wird die Anlage durch Fein- bzw. leistungsfähige Grobschutzeinrichtungen vor Schäden geschützt, die durch Spannungsüberhöhungen am Generator oder durch direkten bzw. indirekten Blitzeinschlag verursacht werden. Ohne Blitzschutz hatten direkte Blitzeinschläge meist große Schäden zur Folge. Speziell für die Blitzstromführung ausgelegte Ableiter in den Rotorblättern mit Übergängen zur Welle und zum Turm sowie ein wirkungsvoller (niederohmiger) Fundament-Erder ermöglichen eine Schadensbegrenzung. Dazu werden z. B. Metallkappen an den Blattspitzen und großflächige Kupfergewebe unter der Blattoberfläche angebracht, um Blitzströme ohne große Schäden abzuleiten.

Um die Anlage vor starken Erschütterungen und Auslenkungen mit großen Amplituden im Turmkopf, vor Unwuchten im Rotorsystem und Ähnlichem zu schützen, wird eine schwingungstechnische Überwachung des Maschinenhauses in Längs- und Querrichtung durchgeführt. Beim Überschreiten von Grenzwerten wird die Turbine stillgesetzt.

Sicherheitsrelevante Störungen müssen zur Stillsetzung der Anlage führen. Eine Wiederinbetriebnahme setzt die Behebung der Störursache und ihre Quittierung durch die Anwesenheit einer sachkundigen Person voraus. Mögliche Folgeschäden hohen Ausmaßes, die durch Weiterbetrieb schadhafter Komponenten entstehen können, werden dadurch ausgeschlossen.

- **Fernüberwachung**

Windkraftanlagen werden im Allgemeinen außerhalb von Ortschaften und vom Betreiber entfernt aufgebaut. Eine visuelle Überwachung ist somit meist nicht möglich. Um die Ausfallzeiten von Windkraftanlagen kurz zu halten, benötigt man Systeme zur Ferndiagnose. Dazu sind geeignete Mess-, Übertragungs- und Überwachungseinrichtungen für Einzelanlagen und Windparks notwendig.

Analog und digital aufgenommene Daten können die Anlagenzustände sowie Netz- und Meteorologiewerte wie Leistung, Drehzahl, Turbinenposition, Temperatur etc. beinhalten. Diese können sowohl zur Regelung und Betriebsführung als auch für die Fehlerüberprüfung sowie zur statistischen Auswertung durch Betreiber, Servicestellen und Hersteller verwendet werden. Somit können Fehler sofort gemeldet sowie Service- und Reparaturarbeiten gezielt eingeleitet werden. Ausfallzeiten lassen sich dadurch kurzhalten.

- **Fehlerfrüherkennung**

Die Fehlerfrüherkennung gewinnt in der Qualitätssicherung und Betriebsüberwachung technischer Anlagen und Geräte zunehmend an Bedeutung. Durch die Auswertung und Überwachung von relevanten Messsignalen einer Windkraftanlage können bereits Anzeichen von Fehlern festgestellt werden, bevor optische, schwingungstechnische oder akustische Veränderungen offensichtlich werden und gravierende Schäden an Teilkomponenten oder am Gesamtsystem auftreten. Dadurch lassen sich Sekundärschäden vermeiden, Folgekosten in ihrem Ausmaß wesentlich verringern, Wartungsintervalle dem Zustand der Anlagen anpassen, notwendige Reparaturarbeiten bereits im Vorfeld planen, z. B. bei ruhiger See im Offshore-Bereich, und auch aus Sicherheitsgründen möglichst in windstillen Zeiten ausführen. Ein derartiges System erlaubt weiterhin Fernüberwachungen und Ferndiagnosen durchzuführen. Somit können die Ausfallzeiten verkürzt, die Sicherheit, Zuverlässigkeit und Wirtschaftlichkeit verbessert und die Lebensdauer der Anlagen erhöht werden.

Wesentliche Ursachen für Fehler bei den mechanischen Komponenten einer Windkraftanlage sind durch die Ermüdung von Materialien sowie Abnutzung und Lockerung von Bauteilen gegeben. Dabei zu beobachtende Veränderungen, z. B. in ihrem Schwingungsverhalten, lassen sich meist schon in einem relativ unkritischen Vorstadium erkennen. Somit ist es möglich, zu erwartenden Störungen bereits im Vorfeld zu begegnen.

Bei Fehlerfrüherkennungssystemen werden relevante Messsignale kontinuierlich erfasst und im Hinblick auf fehlerbezogene Merkmale – insbesondere mithilfe von Spektralanalyseverfahren – ausgewertet [52]. Bei genauer Kenntnis des Anlagenverhaltens im Normalbetrieb und in Fehlerzuständen ist es somit möglich, eine detaillierte Diagnose zum aktuellen Anlagenzustand zu geben und notwendige Maßnahmen zur Fehlererkennung einzuleiten [53 bis 62]. Bei neuen Windkraftanlagen höherer Leistung und insbesondere im Offshore-Bereich werden – aufgrund der Forderung von Versicherern – Fehlerfrüherkennungssysteme einen festen Bestandteil der Betriebsüberwachung bilden.

6.9 Betriebserfahrungen

Die Anlagen früherer Zeit waren durch kleine Einheiten geprägt. In den 80er-Jahren wurden erstmals Großanlagen der MW-Klasse entwickelt, gebaut und wenig erfolgreich betrieben. Erst die schrittweise Entwicklung und Vergrößerung moderner Konzepte brachte in den 80er- und 90er-Jahren den erhofften Erfolg, der bis heute fortgeführt werden konnte. Ein Breitentestprogramm in Deutschland unterstützte diese Marktentwicklung. Unterschiede in der zeitlichen Abfolge, den Einsatzfällen und der Anlagengröße haben zu sehr differenziert zu bewertenden Erfahrungen geführt. Sie sollen im Folgenden kurz aufgezeigt werden.

- **Kleine Anlagen im Netz-, Insel- und Hybridbetrieb**

Bis Mitte der 70er-Jahre wurde die Windenergie hauptsächlich zur Versorgung entlegener Verbraucher eingesetzt. Dies wurde mit sehr unterschiedlichem Erfolg praktiziert. Anbieter mit technisch teilweise nicht einwandfrei ausgelegten Anlagen und unreife Konstruktionen brachten die Windenergie in Misskredit. Einige Konverter erreichten allerdings erstaunlich lange Laufzeiten. So wurden z. B. viele Farmen in Nordamerika über Jahrzehnte durch amerikanische Windturbinen mit Wasser und zum Teil auch mit Strom versorgt. In der Bundesrepublik erreichten Anlagen moderner Prägung (Abb. 25) mit 6 bzw. 10 kW Nennleistung und 10 m Rotordurchmesser mehr als 30 Jahre Lebensdauer. Einige Rotoren dieser technisch wie optisch gelungenen Konstruktionen sind seit Anfang der fünfziger Jahre in Betrieb. Auch kleine Windräder im Bereich unter 1 kW haben sich in Stückzahlen von einigen Tausend zur Versorgung von Bergstationen, Sendeanlagen etc. weltweit bewährt.

In Inselregionen und entlegenen Gebieten werden auch mit Anlagen bis 500 kW in autonomen Stromversorgungssystemen ökologisch verträgliche und ökonomisch besonders günstige Einsatzmöglichkeiten erreicht. Die guten Betriebsergebnisse zeigen, dass solche Anlagen für die Elektrifizierung von Insel- und Flächenstaaten enorme Entwicklungs- und Marktpotenziale bieten.

- **Großanlagen der 80er-Jahre**

In den USA, Schweden und Deutschland war die Entwicklung zunächst stark auf große Einheiten im MW-Bereich ausgerichtet. Bei der Ausführung dieser großen Windenergieanlagen mussten Berechnungsverfahren entwickelt und neue Fertigungstechnologien beschritten werden. Die größten Rotorblätter erreichten etwa die doppelte Länge der Flügel der größten Verkehrsflugzeuge. Hohe Anlagenkosten waren die Folge. Erfahrungen mit Modellanlagen und verschiedenen Komponenten lagen nicht vor. Diese mussten während des Probebetriebes gesammelt bzw. in Dauertests ermittelt werden. Schlechte Betriebsergebnisse waren die Folge. Heute übliche Anlagenverfügbarkeiten von über 98 % konnten bei Weitem nicht erreicht werden, was vielfach zu einem

Abbruch von Vorhaben bereits im Entwicklungsstadium führte. Für Pilotprojekte notwendige Erprobungs- und Modifikationsphasen wurden nicht zugestanden.

- Schrittweise Anlagenentwicklung und Vergrößerung
Parallel zu der Großanlagenentwicklung wurden vor allem in Dänemark, Deutschland, den Niederlanden und den USA Kleinturbinen der 20- bis 50-kW-Klasse gebaut und in einer großen Vielfalt an unterschiedlichen Komponenten wie Ausführungen aus der Serienproduktion von konventionellen Energieversorgungs- und Industrieanlagen verwendet. Aufgrund dieser Entwicklung konnten sich insbesondere durch robuste Konstruktionen besonders betriebssichere Systeme erfolgreich am Markt etablieren. Die Hochskalierung dieser Anlagenkonfigurationen in den MW-Bereich brachte kostengünstige Anlagen hoher Betriebssicherheit auf den Markt. Die im Folgenden dargestellten Breitentestergebnisse belegen dies.

- Breitentest
Mit dem „Wissenschaftlichen Mess- und Evaluierungsprogramm (WMEP) 250 MW Wind" wurde unter Federführung des ISET (Institut für Solare Energieversorgungs-Technik, Kassel) zwischen 1989 und 2006 der weltweit größte Breitentest in Deutschland durchgeführt. Dabei wurden Windkraftanlagen, die zwischen 1990 und etwa 1997 installiert worden sind, hinsichtlich ihrer herstellerspezifischen Konzeption, ihres Standortes, ihrer Energieerträge, ihres Leistungsverhaltens sowie ihrer Ausfälle und Fehlerquellen über eine Zeitdauer von zehn Jahren beobachtet.

Die Betriebsergebnisse werden in Form von Jahresberichten [38] für verschiedene Anlagengrößen, Typenmerkmale, Hersteller, Standortkategorien etc. veröffentlicht, oder sie können von der interessierten Öffentlichkeit unter http://reisi.iset.uni-kassel.de über das Internet-Informationssystem REISI (Renewable Energy System on Internet) abgerufen werden.

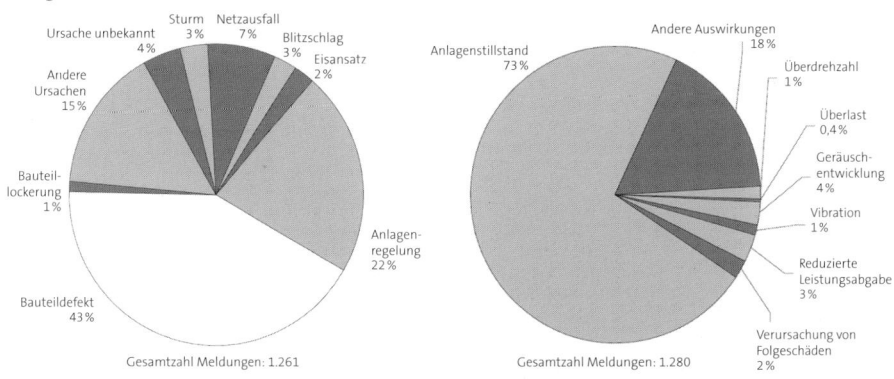

Abb. 70: Störungsursachen (ISET)

Abb. 71: Störungsauswirkungen (ISET)

NUTZUNG DER WINDENERGIE

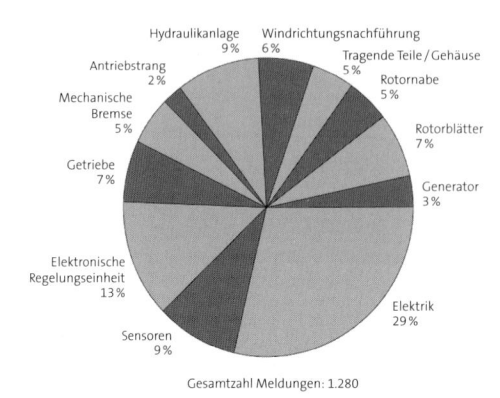

Abb. 72: Instandsetzungen (ISET)

Hydraulikanlage 9%
Windrichtungsnachführung 6%
Tragende Teile / Gehäuse 5%
Rotornabe 5%
Antriebsstrang 2%
Mechanische Bremse 5%
Getriebe 7%
Rotorblätter 7%
Generator 3%
Elektronische Regelungseinheit 13%
Elektrik 29%
Sensoren 9%

Gesamtzahl Meldungen: 1.280

Als Hauptstörursachen im Anlagenbetrieb haben sich Verschleiß oder Defekt von Bauteilen (43 %) und Fehlfunktionen in der Regelung (22 %) herauskristallisiert; dabei dominieren Elektrik, elektronische Regelungseinheiten und Geber bei Weitem (Abb. 70). Sturmschäden (3 %), Netzausfall (7 %) und Blitzeinschlag (3 %) kommen zahlenmäßig weniger häufig vor. Allerdings sind die Folgekosten durch Blitzschäden relativ hoch. Die Anlagenverfügbarkeit aller Anlagen liegt heute im Durchschnitt bei 98 %.

Nach externen und internen Störungen werden nur in 30 % der Fälle Auswirkungen nach außen festgestellt. Der weitaus größte Anteil (73 %) von Störungen führt nach Abb. 71 zum Anlagenstillstand. Dadurch werden mögliche Folgeschäden (2 %) weitgehend vermieden, indem die Anlagenbetriebsführung zwei Drittel aller problematischen Situationen erkennt und sicher reagiert.

Um aufgetretene Störungen zu beseitigen, sind Instandsetzungsmaßnahmen notwendig. Davon sind verschiedene Bauteile und Komponentengruppen betroffen. Abb. 72 zeigt, dass in nahezu 54 % der Fälle elektrische Baugruppen wie Elektrik, elektronische Regelungseinheiten, Sensoren und Generatoren betroffen sind.

Neben unterschiedlichen Windverhältnissen, die z. B. im Küstenbereich am günstigsten sind, lassen sich auch Differenzen in den Betriebsbedingungen und Störungen erwarten. Langjährige Untersuchungen im Wissenschaftlichen Mess- und Evaluierungsprogramm belegen dies. Im Mittelgebirge sind Blitzschäden etwa doppelt so hoch, Sturmschäden ca. 3- bis 4-mal höher und Eisansatz ungefähr 6- bis 7-fach öfter als an anderen Standorten. Vom Netzausfall ist hingegen die Küste stärker betroffen als andere Bereiche. Detaillierte Angaben sind dem Windenergie Report Deutschland 2006 [38] zu entnehmen.

Der größte Teil der ca. 1.600 Anlagen wurde allerdings bereits bis Mitte der 90er-Jahre aufgebaut. Somit konnten Einheiten ab der 2-MW-Klasse, die später installiert wurden, nicht mehr in die Untersuchungen mit einbezogen werden. Andere vergleichbare Messprogramme mit ähnlich großer Tragweite existieren jedoch nicht. Ähnlich fundierte Aussagen für die Großanlagen sind daher nicht möglich.

6.10 Entwicklungstendenzen

Seit dem ersten Windenergieboom Mitte der 80er-Jahre in Kalifornien hat ein Trend zu größeren Anlagen begonnen. Dieser hat sich ab etwa 1990 wesentlich verstärkt fortgesetzt. Dabei konnten sich trotz steigender Festigkeitsanforderungen bis zur MW-Klasse sogenannte „robuste Konzepte" mit stallgeregelten Turbinen, Getriebe, Asynchrongenerator und direkter (starrer) Netzkopplung stark am Markt behaupten. Die Zeit um die Jahrtausendwende wurde in hohem Maße von (MW-) Großanlagen-Entwicklungen geprägt. Die momentan angebotenen MW-Systeme und die Neuentwicklungen der 2- bis 5-MW-Klasse sind fast ausschließlich blattwinkelgeregelte Einheiten mit drehzahlvariablen Energiewandlungskonzepten. Aktiv-Stall-Regelungen bilden eher die Ausnahme. Dabei werden von vielen Herstellern doppeltgespeiste Asynchrongeneratoren favorisiert. Auch Asynchrongeneratoren mit Kurzschlussläufern und Vollumrichtern bieten eine gute Alternative. Elektrisch und permanent erregte Synchrongeneratoren in getriebeloser oder einstufiger Getriebe-Ausführung mit Umrichtersystemen bilden weitere, erfolgreiche Entwicklungslinien. Sie eröffnen enorme Entwicklungspotenziale. Drehzahlvariable Getriebe mit direkt netzgekoppeltem Synchrongenerator bilden eine weitere Erfolg versprechende Variante.

Im Hinblick auf weitere Anlagenvergrößerungen stehen Verbesserungen von Wirkungsgraden, Fertigungs-, Transport- und Montagemöglichkeiten insbesondere durch kleinere, kompaktere Bauweisen und Gewichtsreduzierungen im Vordergrund des Interesses. Die Segmentierung von Türmen über 4,20 m Durchmesser für den Transport bildet ein Beispiel. Weiterhin wird großes Gewicht auf die Erhöhung der Lebensdauer und auf eine Verbesserung der Betriebssicherheit von Komponenten und Systemen gelegt. Dazu gehören z. B. spezielle Rotorblatt-, Naben-, Getriebe-, Generator- oder Umrichter-Entwicklungen, mit dem Ziel, für einen wirtschaftlichen Durchbruch entscheidende Kostensenkungen zu erreichen.

Darüber hinaus werden sozio-ökologische, ökonomische, Akzeptanz- und Umgebungsfragen immer stärker in den Vordergrund gedrängt. Dabei erlangen einerseits emissionsmindernde Entwicklungen wie z. B. lichtarme Befeuerung und lärmgekapselte Maschinenhauskonstruktionen bis hin zu reflexionsarmen Farbanstrichen im Hinblick auf eine Verringerung der visuellen Auswirkungen zunehmend an Bedeutung. Andererseits sollen z. B. warnende Maßnahmen an rotierenden Turbinen zu möglichst wenigen Vogelschäden führen.

7 Windparks

Der Zusammenschluss von Windkraftanlagen zu Windparks an Land und auf See ermöglicht z. B. Netzsysteme intensiv zu nutzen und Kosten beim Bau und Betrieb einzusparen. Leistungsausgleich und Parkmanagement bieten zudem erhebliche Vorteile im Vergleich zum Alleinbetrieb. Gegenseitige Einflüsse mindern allerdings die Energieerträge, erhöhen Turbulenzen und verringern die Lebensdauer von Tragwerken der Anlagen.

7.1 Parkeffekte

Wie bereits Kapitel 4 zeigt, entzieht jede Windkraftanlage dem Wind einen Teil seiner Energie. Das geschieht durch Verzögerung der Windgeschwindigkeit. Diese wirkt sich hinter der Anlage besonders stark aus und wird deshalb als Nachlauf-Effekt bezeichnet. Davon sind auch dahinter angeordnete Windkraftanlagen betroffen. Somit spielt die Richtung des Windes, die hauptsächlich vorkommt, also die Hauptwindrichtung, eine wesentliche Rolle für die Anordnung von Windkraftanlagen in einem Windpark.

In Deutschland ist die Hauptwindrichtung meist Süd-West. Sie kann jedoch regional und lokal Verschiebungen aufweisen. Informationen über die Verteilung der Windgeschwindigkeit und die Häufigkeit der Windrichtungen werden in den sogenannten Windrosen auf der Grundlage meist langjähriger meteorologischer Messungen dargestellt. Dem europäischen Windatlas entsprechend wird der Horizont in 12 Sektoren unterteilt. Dabei wird einerseits die relative Häufigkeit der jeweiligen Windrichtung und andererseits diese mit der durchschnittlichen Windgeschwindigkeit in dieser Richtung multipliziert aufgezeigt. Die Windrose gibt somit Informationen darüber, wie viel jede Windrichtung bzw. jeder Sektor zur durchschnittlichen Windgeschwindigkeit vor Ort beiträgt, bzw. welche Energieerträge aus welcher Richtung zu erwarten sind [63], [64].

Von flachem Gelände mit niedriger Rauigkeit ausgehend wurden Berechnungsverfahren entwickelt, um die Windgeschwindigkeitsänderungen und deren Auswirkungen auf andere Windturbinen in der Umgebung zu bestimmen. Wesentliche Faktoren sind dabei Windgeschwindigkeitsverzögerungen bzw. Energieertragsminderungen und Turbulenzen sowie daraus resultierende Lasterhöhungen an den Rotorblättern, der Nabe, dem Triebstrang etc. bis hin zum Turm und zum Fundament. Eine Verfeinerung der Berechnungsmethoden und deren Ausweitungen auf komplexe Geländestrukturen ermöglicht es heute, die Effekte gegenseitiger Beeinflussungen von Windkraftanlagen in Windparks bei unterschiedlichen Aufstellungsgeometrien, Anlagentypen, Turmhöhen etc. mit relativ guter Genauigkeit zu bestimmen und zu erwartende Energieerträge zu ermitteln.

7.2 Parkausführungen

Jede Anlage eines Windparks beeinflusst die unmittelbar umgebenden lokalen Windverhältnisse und den Energieentzug der anderen Anlagen. Diese Effekte müssen durch planerische Gestaltung von Windparks minimiert werden. Hierbei gilt es, die günstigsten Verhältnisse zwischen größter Anlagenzahl und kleinster gegenseitiger Beeinflussung in Einklang zu bringen.

Die technische und geometrische Ausführung von Windparks sollte demnach aus Ertragsgründen größtmögliche Abstände der Anlagen in Richtung des Windes aufweisen. Gleichzeitig werden allerdings kürzestmögliche Distanzen zwischen den Anlagen gefordert, um Kabelverbindungen kurz zu halten und eine möglichst hohe Zahl von Anlagen in einem vorgegebenen Geländeareal unterzubringen. Was zunächst sehr widersprüchlich erscheint, lässt sich unter Berücksichtigung von hauptsächlich und selten vorkommenden Windrichtungen in den Parkausführungen unter meist relativ günstigen Verhältnissen in Einklang bringen.

Erfahrungsgemäß werden die Abstände der einzelnen Windturbinen mit 5 bis 10 Rotordurchmessern in Hauptwindrichtung und 3 bis 5 Rotordurchmessern in Querrichtung gewählt. Weiterhin werden die Anlagen in jeder zweiten Reihe in Hauptwindrichtung auf die Lücken der vorherigen und nachfolgenden Reihe, d. h. um 1,5 bis 2,5 Rotordurchmesser in Querrichtung versetzt angeordnet. Bei der Ausführung von Windparks verwendet man meist Anlagen gleichen Typs von einem Hersteller. Dadurch lassen sich im Allgemeinen günstigere Kosten für Anschaffung, Wartung und Instandhaltung erzielen. Windparkausführungen mit Anlagen von zwei oder mehreren Herstellern können die Kosten erhöhen sowie Planung, Bau, Betrieb und Lagerhaltung etc. komplizieren. Dadurch wird allerdings das Risiko, von einem Hersteller abhängig bzw. bei eventuell auftretenden systematischen Fehlern (z. B. Getriebetausch aller Anlagen) ausgeliefert zu sein, wesentlich verringert.

Die Anlagengröße hat sich in den 25 Jahren moderner Windkrafttechnik stetig erhöht und liegt momentan im Durchschnitt bei etwa 2 MW. Dabei werden heute fast alle Anlagen in Windparks an Land errichtet. Zukünftige Offshore-Windparks werden bereits mit 5-MW-Turbinen geplant. Anlagenabstände und Energieerträge erhöhen sich dadurch beträchtlich. Große Kabellängen sind die Folge. Die elektrische Energieübertragung im Windpark erfolgt im Allgemeinen von den niederspannungsseitig (400 bis 800 V) ausgeführten Windkraftanlagen über Transformatoren und Mittelspannungskabel (20, 30 kV) hauptsächlich in 110-kV-Hochspannungsnetze [65]. Sehr große Windparks werden eine Übertragung über Höchstspannungsnetze (220, 380 kV) oder Hochspannungs-Gleichstrom-Übertragungen, z. B. über sehr große Distanzen, erfordern. Windparkmanagement und Spannungs- bzw. Blindleistungs-Regelung im Windparknetz sowie auf den Übertragungsstrecken werden erforderlich sein, um die angestrebten hohen Leistungen kostengünstig über große Distanzen übertragen zu können.

8 Netzintegration

Das sogenannte starre Verbundnetz mit Kraftwerken im 1.000-MW-Bereich kann aufgrund seines sehr hohen Leistungsvermögens gegenüber den Nennwerten angeschlossener Verbraucher als unendlich ergiebige Wirk- und Blindstromquelle betrachtet werden. Für relativ kleine einspeisende Energieversorgungseinrichtungen, die Windkraftanlagen auch im 5-MW-Bereich im Allgemeinen darstellen, kann man es als unbegrenzt aufnahmefähige Senke mit konstanter Spannung und Frequenz ansehen.

Im Gegensatz zu thermischen Kraftwerken werden Windturbinen bisher meist an entlegenen Stellen mit begrenzten Einspeisemöglichkeiten errichtet. Dadurch ist vielfach eine schwache Netzanbindung über z. T. lange Stichleitungen anzutreffen. Bei großen Windkraftanlagen und Windparks kann somit die Einspeiseleistung durchaus in die Größenordnung oder gar in die Nähe der Netzübertragungsleistung gelangen, sodass gegenseitige Einflüsse Berücksichtigung finden müssen. Beim Netzanschluss von Offshore-Windparks im mehrere Hundert MW- bis GW-Bereich werden sich in den nächsten Jahren allerdings mit Großkraftwerken vergleichbare Einspeisesituationen ergeben. Dabei kann es erforderlich werden, diese Energie überregional in weit entfernte Verbrauchszentren zu führen.

8.1 Anforderungen der Netzbetreiber

Die gestellten Anforderungen sowie die notwendigen Einrichtungen zum Netzanschluss von Windkraftanlagen sind aus Gründen der Übersicht in vereinfachter Form anhand von Abb. 73 dargestellt [1], [46], [66].

8.2 Netzeinwirkungen und Abhilfemaßnahmen

Bei der Einbindung von Windkraftanlagen entstehen Rückwirkungen auf die elektrischen Versorgungsnetze. Betrachtet werden müssen, neben der allgemeinen Verträglichkeit, Leistungsvariationen und Spannungsschwankungen mit eventueller Flickerwirkung bei Beleuchtungsanlagen nahe der Einspeisung sowie mögliche Veränderungen der Kurzschlussleistung im Verhältnis zur Höchstleistung, die Schutzeinrichtungen im Netz tangieren können. Weiterhin müssen Spannungssymmetrien, Oberschwingungen als ganzzahlige bzw. Zwischenharmonische als nicht ganzzahlige Vielfache der 50-Hertz-Netzfrequenz sowie Störaussendungen und Netzresonanzen [1], [43], [44], [46], [67], [68], [69], [70], [71], [72], [73] vermieden werden.

NETZINTEGRATION

Netzkopplung	*Trennstelle* nach DIN VDE 0 105 jederzeit dem EVU zugänglich
Schalteinrichtungen	*Kuppelschalter* mit mindestens Lastschaltvermögen (kann bei reinem Parallelbetrieb durch Netzschütz der WKA realisiert sein) *Auslegung* für maximalen Kurzschlussstrom (WKA, Netz) *Wechselrichter:* Schaltstelle auf der Netzseite
Schutzeinrichtungen	*Synchron- und Asynchrongeneratoren* – Spannungsrückgangsschutz, Bereich: $1{,}0 \ldots 0{,}7 \cdot U_N$ – Spannungssteigerungsschutz, Bereich: $1{,}0 \ldots 1{,}15 \cdot U_N$ – Frequenzrückgangsschutz, Bereich: $48\,\text{Hz} \ldots 50\,\text{Hz}$ (*) – Frequenzsteigerungsschutz, Bereich: $50\,\text{Hz} \ldots 52\,\text{Hz}$ (*) *Wechselrichter* – Spannungsschutz wie bei Generatoren – kein Frequenzschutz erforderlich
Blindleistungskompensation	*Leistungsfaktor* im Bereich 0,9 kapazitiv bis 0,8 induktiv (*) *Anlagen* $\leq 4{,}6\,\text{kVA}$: pro Außenleiter nicht erforderlich *größere Anlagen:* Abstimmung mit EVU notwendig *selbstgeführte Wechselrichter:* im Allgemeinen nicht nötig

Zuschaltbedingungen	Zuschalten nur wenn alle Außenleiterspannungen anstehen
	 Synchrongeneratoren
	 – Synchronisiereinrichtung erforderlich
	    ◦ Spannungsdifferenz: $\Delta U \pm 10\,\% \, U_N$
	    ◦ Frequenzdifferenz: $\Delta f \pm 0{,}5\,\text{Hz}$
	    ◦ Phasendifferenz: $\Delta \varphi \pm 10°$
	 Asynchrongeneratoren
	 – spannungslos zuschalten im Bereich: $0{,}95 \ldots 1{,}05 \cdot n_{\text{syn}}$
	 – bei motorischem Anlauf: Begrenzung des Anlaufstroms
	 Wechselrichter
	 – zuschalten nur wenn die Wechselstromseite spannungslos ist oder die Bedingungen wie beim Synchrongenerator eingehalten werden

Netzrückwirkungen	*Einhalten der Verträglichkeitspegel* von Störgrößen nach DIN VDE 0 838 / IEC 77A / IEC 61 400 – Spannungsschwankungen und Flicker – Oberschwingungsströme *Betrieb von Rundsteueranlagen* darf nicht beeinträchtigt werden
Inbetriebnahme	*Prüfung:* – Trenneinrichtungen – Messeinrichtungen – Schutzeinrichtungen auf 1- bzw. 3-phasigen Netzausfall, Frequenzabweichungen, Kurzunterbrechungen (KU) – Einhaltung der Zuschaltbedingungen

* abweichende Werte z. B. in E.ON-Richtlinie.

Abb. 73: Anforderungen und Einrichtungen zum Netzanschluss von Windkraftanlagen

Für wesentliche Teilbereiche sind Grundsätze zur Beurteilung von Netzrückwirkungen für Mittel- bzw. Niederspannungsanlagen in Richtlinien nach VDEW bzw. VDE 0838 angegeben. Diese sind jedoch weitgehend auf Verbrauchersysteme abgestimmt.

Angegebene Schutzmaßnahmen sind im Allgemeinen netzbetreiber-spezifisch [44] und können durchaus regional differieren. Sie sollen das jeweilige Netz vor störenden Rückwirkungen aus der Eigenerzeugungsanlage bewahren. Neben einem angemessenen Kurzschluss- und Generatorschutz sind vor allem die folgenden Vorkehrungen zu treffen:
- Verhinderung bzw. nur kurzzeitiges Zulassen eines motorischen Betriebes der Anlage (Rückleistungsschutz) bei zu geringen Windgeschwindigkeiten;
- Stützung des Netzes, wenn die Spannung bzw. Frequenz bestimmte Grenzwerte unter- oder überschreitet [74];
- Kompensation des Blindleistungsbedarfs auf vorgeschriebene Werte;
- Zuschalten der Asynchrongeneratoren nur im Bereich von etwa 95 bis 105 % ihrer Leerlaufdrehzahl (Synchrondrehzahl).

Die dominierenden Netzeinwirkungen, wie Leistungsschwankungen und Spannungsvariationen sowie Oberschwingungen und Netzresonanzen, die bis Anfang der 90er-Jahre beim Netzanschluss eine wichtige Rolle einnahmen, haben wesentlich an Bedeutung verloren. Diese werden im Folgenden erläutert.

Große elektrische Verbraucher- oder Einspeisesysteme verursachen durch **Leistungsveränderungen** im Allgemeinen **Spannungsvariationen,** die insbesondere an schwachen Netzen große Werte annehmen können. Die Leistung einer Windturbine unterliegt sowohl periodischen als auch stochastischen (zufälligen) Schwankungen. Periodische Anteile, die insbesondere durch Höhenwindgradienten, Turmschatten- bzw. Turmstaueffekte[1] hervorgerufen werden und sich in sogenannten Kurzzeitflickern äußern können, spielen im Hinblick auf Spannungseinflüsse meist eine untergeordnete Rolle. Kurz- und langfristige Windgeschwindigkeitsänderungen können hingegen dominierende Leistungsschwankungen verursachen. Veränderungen der Spannung und der Leuchtdichte bei Beleuchtungseinrichtungen – sogenannte Flicker – sind die Folge.

In [43] werden **Flickerstörfaktoren** angegeben. Dabei ist zu unterscheiden zwischen kurzzeitigen Mittelwerten, die in einem Zehn-Minuten-Intervall maßgebend sind, und langzeitig wirkenden Zwei-Stunden-Mittelwerten. Die FGW-Richtlinien [67] berücksichtigen neben den rein betragsmäßig zu erwartenden Veränderungen die wirklichkeitsnäheren Einwirkungen, die phasenrichtige Beziehungen beinhalten.

---

[1] *Turmschatten bzw. Turmstau: das vom Turm beeinflusste Luftströmungsfeld. Rotorblätter erfahren im Strömungsbereich des Turmes kurzzeitige Belastungsänderungen.*

Um vorhandene Netzanschlussleistungen [75], [76] möglichst gut auszunutzen, können bei geeigneten Windkraftanlagen weitergehende Eingriffe vorgenommen werden. Überschreiten z. B. Spannungsänderungen, Flickereffekte oder die thermische Belastbarkeit der Kabel und Freileitungen etc. vorgegebene Grenzwerte, so können einspeisende **Windkraftanlagen in ihrer Leistung** soweit **begrenzt** werden, dass Netze stets sicher betrieben werden können.

Eine weitergehende Möglichkeit, Netze durch regenerative Einspeisung günstiger zu gestalten, ist mit der **Regelung bzw. Stützung des Netzes** mithilfe von Windkraftanlagen gegeben, die es erlauben, den Einspeisewinkel des Stromes, d. h. die Blindleistungslieferung, frei einzustellen [1], [66], [77 – 81]. Dafür sind z. B. Anlagen mit selbstgeführten IGBT-Wechselrichtern geeignet. Derartige Methoden werden zukünftig, insbesondere beim Verbundbetrieb von Windkraftanlagen in großen Windparks, an windgünstigen Standorten in Küstenbereichen, im Binnenland und Mittelgebirge sowie im Offshore-Einsatz an Bedeutung gewinnen.

Momentan auf dem Markt angebotene Windkraftanlagen werden sowohl bei elektrisch und permanent erregten Synchronmaschinenkonzepten bzw. bei Kurzschlussläufer-Asynchrongeneratoren mit statorseitigem Vollumrichter als auch bei doppelt gespeisten Asynchrongeneratorausführungen mit läuferseitigem Teilumrichter mit IGBT-Bauelementen ausgeführt. Dabei übliche Schaltfrequenzen im Kilohertz-Bereich (kHz) führen insbesondere bei niedrigen Ordnungszahlen zu kleinen Oberschwingungswerten. Auftretende **Oberschwingungen** höherer Frequenz ermöglichen den Einsatz von Filtersystemen relativ kleiner Bauart. Die Isolation (insbesondere der ersten, umrichterseitigen Windungen) von Generator- und Transformatorwicklungen muss jedoch durch Stromanstiegsfilter (di nach dt-Filter) vor Schäden geschützt werden. Weiterhin ist zu bedenken, dass Filter, die z. B. für Toleranzbandregelungsverfahren in Pulsumrichtern eingesetzt werden, für relativ breite Frequenzbänder ausgelegt sein müssen [82 – 88].

8.3 On- und Offshore-Windparks

Durch den Zusammenschluss mehrerer Anlagen ergeben sich Möglichkeiten der Kosteneinsparung bei Planung, Bau, Betriebsführung und Instandhaltung. Mit der Mehrfachnutzung technischer Einrichtungen (z. B. Kabel, Netzeinspeisung) lassen sich zudem Vereinfachungen erzielen. Darüber hinaus sind durch die Leistungsmittelung bei ausgedehnten Windenergieparks und durch eine Koordination der dezentralen Regeleinrichtungen besondere Vorteile hinsichtlich der Gleichförmigkeit des Leistungsangebotes und der Ausnutzung von Übertragungskomponenten zu erreichen [89], [90].

Durch eine genaue Vorhersage der Windleistung lassen sich Kapazitätseffekte der Windenergie erzielen [91]. Damit wird ihre Einspeisung im Kraftwerksverbund planbar und somit der Wert im liberalisierten Strommarkt bzw. an der Strombörse deutlich erhöht. Durch Onlineerfassung der Leistung von wenigen Referenzwindkraftanlagen lässt sich nach [90], [92] das Zeitverhalten der Windleistung für ein Versorgungsgebiet prognostizieren. Dafür eignen sich z. B. Verfahren, die Fähigkeiten künstlicher neuronaler Netze für präzise und detaillierte Vorhersagen im Kurzzeitbereich (zwischen Ein-Stunden- und Zwei-Tage-Zeiträumen) ermöglichen [93], [94].

Beim Verbund von Windkraftanlagen lassen sich weiterhin vorteilhafte Eigenschaften unterschiedlicher Systemkonfigurationen hinsichtlich der Ausbildung von Kurzschlussströmen und der Anwendung von Schutzkonzepten kombinieren.

Turbinen mit Asynchrongeneratoren erhöhen bei ihrer direkten Netzkopplung die Netzkurzschlussleistung. Weiterhin hat ihre Generatorinduktivität in Verbindung mit der Kompensationskapazität eine deutliche Filterwirkung im Netz. Über Umrichter in das Netz speisende Anlagen erhöhen hingegen die Kurzschlussleistung kaum, bringen aber wechselrichterspezifische Oberschwingungen mit sich. Durch Anlagenverbund beider Konfigurationen können Kurzschlussströme und Netzeinwirkungen niedrig gehalten und Netzkapazitäten hoch ausgenutzt werden.

Durch den Einsatz von drehzahlvariabel geführten Anlagen, die über Pulswechselrichter ins Netz einspeisen, lassen sich zulässige Grenzwerte von Oberschwingungen gut einhalten bzw. bereits im Netz vorhandene Oberschwingungen durch aktive Filterung sogar eliminieren. Durch Regelung des Leistungsfaktors oder des Stromeinspeisewinkels kann die Spannung am Netzanbindungspunkt eines Anlagenverbundes z. B. auf vorgegebene Werte eingestellt bzw. gehalten werden (Kap. 8.1). Dadurch lassen sich vorhandene Netze relativ gut auslasten und Kosten für Netzverstärkungsmaßnahmen einsparen [1], [46], [76], [95 – 98].

Bei leistungsschwachen Netzen mit hohem Windkraftanteil sind besonders große Netzrückwirkungen zu erwarten. Praktische Untersuchungen an Inselnetzen haben jedoch gezeigt, dass bei einer gezielten Auslegung des Netzes und seiner Komponenten sogar Windleistungsanteile von 100 % möglich sind. Durch Maßnahmen zur Beeinflussung der Netzcharakteristik lassen sich somit im Verbundbetrieb unter Einbindung von Phasenschiebern, Batteriespeichern mit Umkehrstromrichtern, Netzfiltern, Kompensationseinheiten und Netzreglern mögliche Netzstörungen vermeiden [99], [100], [101].

Die Netzanbindung von großen Offshore-Windparks stellt eine neue Dimension von Herausforderungen an die Forschung und Technologie der elektrischen Energieübertrager dar [102], [103], [104]. Einerseits soll der Elektrizitätstransport möglichst rückwirkungsfrei auf die Umwelt geschehen. Hierzu müssen u. a. störende elektrische und magnetische Felder vermieden werden. Andererseits sind große Energien bzw. hohe

Leistungen über möglichst weite Entfernungen bei niedrigsten Verlusten und garantierter Netzstabilität zu übertragen. Dabei können in 10 – 20 Jahren die Offshore-Windparks durchaus die Größenordnung der momentan installierten Kernkraftwerksleistung erreichen. Für Übertragungen dieses Ausmaßes sind neben der eingesetzten Drehstromtechnologie (bei 110, 220, 380 kV, 50 Herz – Hz) höhere Spannungsebenen (z. B. 500 bis 1.000 kV) bzw. Hochspannungs-Gleichstrom-Übertragungen (HGÜ) oder niederfrequenter Stromtransport (z. B. bei 10, 16, 20 Hz) in Betracht zu ziehen [105], [106]. Bei niedrigen Frequenzen vermindern sich die Übertragungsreaktanzen frequenzproportional. Bei HGÜ verschwinden diese gänzlich, sodass nur ohmsche Anteile übrig bleiben. Günstigere Übertragungen über größere Entfernungen sind dadurch möglich. Der technische Aufwand erhöht sich durch zusätzliche Umrichtersysteme allerdings erheblich. Daher werden momentan 50-Hz-Drehstrom-Übertragungen favorisiert.

8.4 Auswirkungen eines starken Windenergieausbaus

Aufgrund der Altersstruktur von momentan betriebenen Kraftwerken und von politischen Vorgaben wird in Deutschland bis 2020 etwa 40 GW neue Kraftwerksleistung erforderlich werden. Dabei wird die Entwicklung der Erzeugung, Übertragung und Verteilung der elektrischen Energie vom Aufbau des europäischen Binnenmarktes und vom internationalen Stromhandel beeinflusst. Verbraucher- und regionbezogene Nachfrageprofile müssen mit geeigneten Kraftwerken abgedeckt werden, die erforderliche Leistungscharakteristika aufweisen und kostengünstig betrieben werden können. Durch den europäischen Stromverbund werden im Allgemeinen die Gesamtkosten niedrig und die Zuverlässigkeit des Netzes hoch gehalten. Dies sind grundlegende Voraussetzungen für eine sichere Einbindung erneuerbarer Energie in die Netze, wobei die Windenergie momentan die größte Bedeutung hat.

Bis zum Jahr 2020 werden an Land Windkraftanlagen mit etwa 25 bis 28 GW installierter Leistung in Deutschland erwartet [107]. In Nord- und Ostsee strebt die Bundesregierung bis 2010 eine installierte Windleistung von 2 bis 3 GW und zwischen 2015 bis 2020 ca. 10 bis 15 GW an. 2025 bis 2030 soll der Wert auf 20 bis 25 GW steigen.

Die Windkraftanlagenleistung wird sich bei einem Ausbau sehr stark auf Norddeutschland konzentrieren. Allerdings ist die Stromnachfrage in dieser Region eher niedrig. Dadurch wird ein verstärkter Stromtransport notwendig werden. Dieser erfordert in bisher eher netzschwachen Bereichen einen erheblichen Netzausbau.

- **Ausbau des elektrischen Energieversorgungsnetzes**
Um die Elektrizität aus Windenergie in das Verbundnetz integrieren zu können, sind Ausbaumaßnahmen im Höchstspannungsübertragungsnetz erforderlich. Dazu werden die Verstärkung vorhandener Stromtrassen, der Bau neuer Höchstspannungstrassen,

der Bau von Querreglern zur gezielten Steuerung der Lastflüsse und der Bau von Anlagen zur Bereitstellung von Blindleistung erforderlich. Bis 2015 müssen nach [107] die bestehenden rund 18.000 km Höchstspannungstrassen um 850 km erweitert und 400 km des Bestandes verstärkt werden. Die Kosten für diesen Netzausbau betragen etwa 1,1 Mrd. Euro. Im Zeitraum bis 2020 sind weitere 1.050 km Neubau und 450 km Verstärkung von Leitungen notwendig. Der Stromtransport – auch über große Entfernungen von Windparks in Nord- und Ostsee zu Netzanschlusspunkten an Land – wird nach [107] als technisch machbar bewertet.

Eine rechtzeitige Umsetzung der Maßnahmen zum Ausbau und zur Verstärkung der Netze ist erforderlich, um auch in Zukunft einen sicheren Netzbetrieb zu gewährleisten.

- **Regel- und Reserveleistung**
Durch die Integration großer Windleistungen in Netze werden zusätzliche Regel- und Reserveleistungen notwendig. Diese sind von der Genauigkeit der Windleistungsprognose bzw. von der Abweichung zwischen Prognose und tatsächlicher Einspeisung abhängig [38], [108]. Die Abweichung liegt momentan im Mittel unter 5 %. Sie kann jedoch, insbesondere aufgrund von Zeitversatz zwischen Prognose und Einspeisung, durchaus auch 20 % überschreiten.

Um Veränderungen der Windenergieeinspeisung ausgleichen zu können, müssen Minuten- und Stundenreserven als Regel- bzw. Reserveleistung bereitgehalten werden. Positive Regel- und Reserveleistung wird bei zu kleiner und negative Leistung bei zu großer Windstromeinspeisung erforderlich. Diese muss als Kraftwerksleistung betriebsbereit vorgehalten werden.

Aufgrund der Vorrangregelung für Strom aus erneuerbaren Energien werden Windkraftanlagen, die sehr schnelle Regeleingriffe erlauben, nicht als negative Regelreserve eingesetzt.

2003 mussten (bei etwa 14.000 MW installierter Windkraftanlagenleistung) im Mittel 1.200 MW positive und 750 MW negative bzw. maximal 2.000 MW positive und 1.900 MW negative Regel- und Reserveleistung eingeplant werden. 2015 werden im Mittel 3.200 MW positive und 2.800 MW negative sowie maximal 7.000 MW positive und 5.500 MW negative Regel- und Reserveleistung zusätzlich durch die Windenergieeinspeisung erwartet.

Nach [107] kann die Regel- und Reserveleistung aus dem dann gegebenen Kraftwerkspark gedeckt werden, sodass keine zusätzlichen Kraftwerke zu installieren und zu betreiben sind. Ein Abruf von Regelreserven führt zu einem Mehrbedarf an Ausgleichsenergie. Mit dieser sind zusätzliche Kosten und CO_2-Emissionen verbunden, die der Windenergie zugeordnet werden können [109], [110 – 112].

9 Inselsysteme

Versorgungseinheiten für Einzelverbraucher oder „Versorgungsinseln" (Abb. 74) mit regenerativer (Wind, Photovoltaik etc.) und fossiler Speisung (Diesel, Erdgas usw.) sowie Speichern im Kurzzeit- (Batterie, Supercap) bzw. Langzeitbereich (Biogas, Deponiegas o. Ä.) müssen modular aufgebaut und einfach erweiterbar sein. Sie lassen aufgrund niedriger Energie-, Energietransport- und Auslegungskosten für zukünftige Elektrifizierungsprogramme günstige Voraussetzungen erwarten. Diese werden sich auf entlegene, netzferne Gebiete konzentrieren.

Momentan leben weltweit ca. 2 Mrd. Menschen ohne Elektrizitätsversorgung meist in Entwicklungs- und Schwellenländern. Für eine technische Entwicklung und damit verbundener Verbesserung der Lebensbedingungen stellt die Elektrifizierung eine wesentliche Basis dar. Somit wird sich in Zukunft ein enormes Marktpotenzial für entlegene Versorgungen ergeben. Ausgehend von Spezialanwendungen in Industrieländern (Wochenendsiedlungen, Bergstationen usw.) werden sich derartige Modulsysteme als sichere Elektrizitätsversorgungen auch in Entwicklungsländern verbreiten und den versorgten Regionen sowie den betroffenen Bevölkerungskreisen neue Perspektiven einer wirtschaftlichen Entwicklung unter ökonomischen Aspekten ermöglichen.

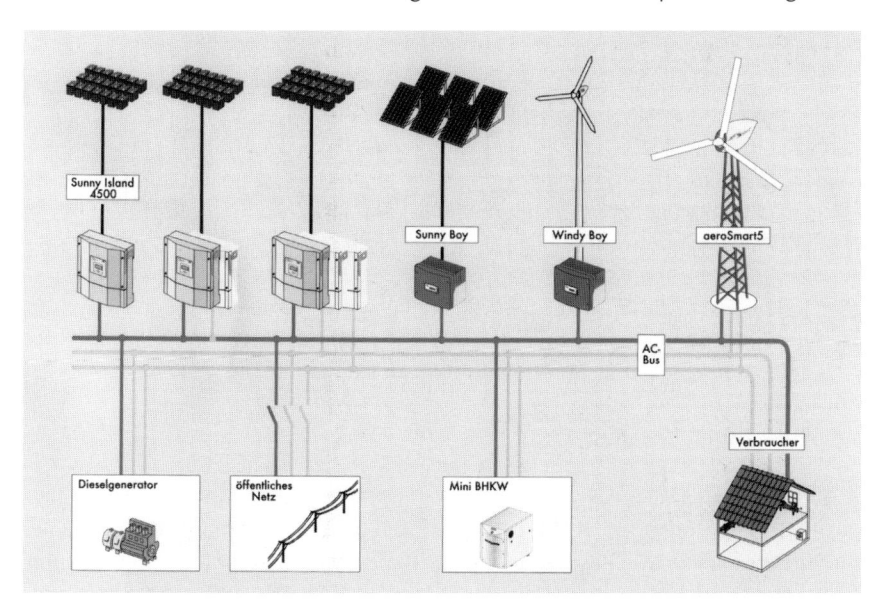

Abb. 74: Vereinfachtes Blockschaltbild eines modularen, autonomen elektrischen Versorgungssystems [113] (SMA Technologie AG)

ﾠ
9 NUTZUNG DER WINDENERGIE

9.1 Besonderheiten von Inselsystemen

Windkraftanlagen sind im sogenannten Inselbetrieb nicht mit einem elektrischen Versorgungsnetz verbunden. Sie versorgen die angeschlossenen Verbraucher direkt. Zur mechanisch-elektrischen Energieumwandlung ist im Alleinbetrieb, d. h. bei einem Versorgungssystem mit nur einer Einspeiseeinheit, insbesondere der spannungsgeregelte Synchrongenerator geeignet. Der Einsatz eines Asynchrongenerators erfordert bei gewünschter Spannungskonstanz die Bereitstellung von geregelter Erregerblindleistung. Die Ansprüche der Verbraucher an die maximale Schwankungsbreite von Spannung und Frequenz am Generator sowie durch Anlagenkomponenten vorgegebene Höchstdrehzahlen geben die Variationsgrenzen vor und bestimmen die regelungstechnische Konzeption.

Als besondere Charakteristika für den Inselbetrieb können üblicherweise die Drehzahlregelung am Windrad und die Spannungsregelung am Generator angesehen werden. Hier sind im Wesentlichen zwei Anwendungsgebiete zu berücksichtigen:
- die Versorgung einfacher elektrischer Verbraucher, die keine hohen Anforderungen an die Konstanz von Generatorfrequenz und -spannung stellen (Heizung, Pumpen etc.), und
- die Versorgung von elektrischen Verbrauchern, zu deren sicherem Betrieb Frequenz und Spannung des Generators nur in einem kleinen Bereich schwanken dürfen (z. B. elektronische Geräte).

Für die autarke Versorgung des Verbrauchers spielen die Unterschiede zwischen Windenergieangebot und Energiebedarf eine entscheidende Rolle. Trotz jahreszeitlich guter Übereinstimmung kann z. B. durch Flauten die Versorgungssicherheit gefährdet werden. Abschaltbare Verbraucher ermöglichen einen sicheren Betrieb von Windkraftanlagen bei einem Windangebot, das unter der Verbrauchernachfrage liegt. Sehr kleine Windleistungsangebote oder völlige Flauten erfordern allerdings eine Überbrückung der Energieversorgung. Entsprechend dimensionierte Speicher und Notstromaggregate gewährleisten diese. Um die zeitliche Verfügbarkeit und die Energielieferung (z. B. während eines Jahres) bestimmen zu können, sind detaillierte Angaben über die Winddaten am Aufstellungsort erforderlich (Kap. 10).

9.2 Einsatz in Deutschland

In Deutschland ist eine nahezu vollständige und flächendeckende, netzgebundene Elektrizitätsversorgung gegeben. Dies betrifft sowohl Haushalte und Bauernhöfe als auch in besonderem Maße Gewerbebetriebe (Handwerker, Steinbrüche, Getreide- und Sägemühlen etc.), Verkaufs- und Handelsbetriebe sowie Bergbau und Industriebetriebe. Einzelhaushalte und Bauernhöfe ohne Stromversorgung bilden neben Bergstationen usw. weitestgehende Ausnahmen. Für derartige Versorgungen werden meist vergleichbare Anforderungen hinsichtlich Qualität des Stromes (Spannungs- und Frequenzkonstanz, Klirrfaktoren etc.) und der Verfügbarkeit wie bei Netzversorgungen gestellt, um handelsübliche Geräte mit 230 / 400 V Wechselstrom bei einer Frequenz von 50 Hz betreiben zu können. Dabei sollen die Kosten nicht höher als beim Netzanschluss liegen.

Insgesamt kommen in Deutschland nur wenige Bauernhöfe und Bergstationen ohne Stromanschluss in Betracht, bei denen eine Windkraftanlage mit Batteriespeicher und Diesel- oder Benzinaggregat einen wirtschaftlichen und versorgungssicheren Betrieb erlaubt. Für Einzelhaushalte ohne Strom bieten hingegen eher Batterielader-Kleinwindkraftanlagen – möglichst in Kombination mit PV-Anlagen – Kostenvorteile. Diese Versorgungen haben allerdings nur relativ kleine Marktpotenziale.

Erheblich größere Marktpotenziale sind hingegen im Hobbybereich zur Versorgung von entlegenen Garten-, Wochenend- und Jagdhäusern sowie für Segelboote gegeben. Hier spielt die sonst in hohem Maße geforderte Versorgungssicherheit eher eine untergeordnete Rolle. Der Verbindung zwischen romantischen Attributen und technisch möglichem Komfort kommt hier größere Bedeutung zu, als einer perfekten Stromversorgung. Allerdings sind z. B. mit den in [113], [114] und [115] dargestellten Anforderung, Innovationen und Ausführung in der Systemtechnik Kombinationen von Teilsystemen nach dem in Abb. 74 dargestellten Versorgungssystem möglich. Der Systemaufbau muss dabei – an den meteorologischen Rahmenbedingungen orientiert – den Verbraucheranforderungen entsprechend ausgeführt werden. Dies bedeutet z. B., dass aus Kostengründen auf vollständige Versorgungssicherheit verzichtet werden kann. Somit können zusätzliche Komponenten wie große Batteriespeicher, Dieselaggregate etc. eingespart und nur kleine Batterien zur Anwendung kommen. Statt komfortablen Wechselstrom-Versorgungen, die hohe Komplexität aufweisen und höhere Kosten verursachen, können auch einfache Gleichstromsysteme bei kleinen Leistungen und geringen Anforderungen eingesetzt werden.

Die enorm großen Marktpotenziale, die in diesem Bereich gegeben sind, müssen allerdings noch erschlossen werden. Eine konsequente Weiterentwicklung der Systemtechnik für alle Leistungsklassen (z. B. 30 W bis 5 kW) und Anforderungsprofile (Gleich-, Wechselstrom hoher oder geringer Güte) sowie meteorologischen und umgebungsbedingten Rahmenbedingungen (windreiche Tiefebene, Wald- und Gebirgsregion) wird es mittel- bis langfristig ermöglichen, diesen gigantischen Markt zu erschließen.

9.3 Einsatz in netzfernen Gebieten

Von Verbundnetzen entfernte Gebiete für Inselnetzversorgungen sind einerseits in dünn besiedelten Regionen technologisch hoch entwickelter Flächenstaaten wie USA, Kanada, Australien, Russland etc. anzutreffen. Weitaus größerer Bedarf an elektrischer

Energie besteht jedoch andererseits in nicht elektrifizierten Regionen von Entwicklungs- und Schwellenländern Afrikas, Asiens sowie Mittel- und Südamerikas. Den entwicklungstechnisch unterschiedlichen Rahmenbedingungen und Anforderungen entsprechend können sich allerdings versorgungstechnisch große Differenzen zwischen den genannten Bereichen ergeben. Im Folgenden sollen daher die beiden o. g. Versorgungsgebiete umrissen werden.

- **Einsatz in Entwicklungs- und Schwellenländern**
  Große Städte in Entwicklungs- und Schwellenländern verfügen im Allgemeinen über netzgebundene Elektrizitätsversorgungen, die auf fossilen Energieträgern basieren. Diese sind vielfach auch auf größere Ansiedlungen in Stadtnähe ausgedehnt. Entlegene Gebiete und kleinere Inseln haben hingegen meist keine Stromversorgung, da die Kosten für die Beschaffung und den Transport fossiler Energieträger (z. B. Öl) und für die Anlageninvestitionen nicht aufgebracht werden können. Beim Aufbau neuer Versorgungsstrukturen bieten hier regenerative Energien wie Windkraft auf Inseln etc. langfristig große Vorzüge. Dem Nachteil meist höherer Investitionskosten stehen Vorteile beim Betrieb gegenüber. Die Beschaffung und der meist aufwendige Transport der Brennstoffe entfällt bzw. wird auf Ersatz- und Notsysteme begrenzt.

Bei der Stromversorgung von Nomadenzelten, Hütten, Häusern, Gehöften in entlegenen Gebieten von Entwicklungs- und Schwellenländern werden überwiegend sogenannte Solar-Home-Systeme (PV-Modul mit Batterie) oder Kleinstwindkraftanlagen als Batterielader eingesetzt. Eine bescheidene Beleuchtung, Radio- und zum Teil auch Fernsehempfang sowie Telefonieren über Mobilsysteme bringen relativ große Fortschritte an Unterhaltung und Information für die so versorgten Familien. Weiterhin werden wichtige Brennstoffe für die Beleuchtung etc. eingespart und durch offenes Feuer gegebene Brandgefahren erheblich gemindert. Niedrige Kosten für das System stehen dabei im Vordergrund. Versorgungssicherheit spielt hingegen eine untergeordnete Rolle.

Von Personen, die über derart einfache Stromversorgungen verfügen, wird allerdings vielfach der Wunsch nach Wechselstromversorgungen geäußert. Damit könnten auch andere Geräte für Haushalt und technische Anwendungen eingesetzt werden.

Wechselstromversorgungen, z. B. bei Spannungen zwischen 115 und 230 V (gegen Erde) und 50 oder 60 Hz Frequenz, erfordern die Einhaltung von Nominal- und Grenzwerten bei Verbrauchern. Größerer Schalt- und Regelungsaufwand bei der Energieaufbereitung ist die Folge. Mit Bauelementen der Leistungselektronik lässt sich dies einfach bewältigen. Der Stromtransport über relativ dünne Leitungen wird damit auch über größere Entfernungen (z. B. mehrere Hundert Meter zwischen Windkraftanlage und Häusern bzw. zwischen einzelnen Häusern) möglich. Weiterhin werden Schaltvorgänge zum Ein- und Abschalten von Erzeugungssystemen und Verbrauchern wesentlich vereinfacht und die Palette einsetzbarer Geräte erheblich erweitert. Bei einer möglichen Systemauswahl kann auch hier auf einen modularen Aufbau von einzelnen Komponenten nach Abb. 74 zurückgegriffen werden.

Wie eingangs des Kapitels bereits erwähnt, ist der Wunsch (von ca. 2 Mrd. Menschen) nach Elektrifizierung in Entwicklungs- und Schwellenländern von gigantischem Ausmaß und wird in Zukunft noch enorm ansteigen. Was in diesen Gebieten der Erde fehlt, ist die Kaufkraft, die Menschen in die Lage versetzt, Investitionen für eine elektrische Grundversorgung aufzubringen. Den vorhandenen Markt mit dem momentan wohl größten Potenzial wird es daher nur in kleinen Schritten zu erschließen gelingen.

- **Einsatz in technologisch hoch entwickelten Flächenstaaten**
Diese Länder verfügen aufgrund der großen Flächen und der damit verbundenen zum Teil enormen Entfernungen zwischen Ansiedlungen nicht über eine netzgebundene Elektrizitätsversorgung, die flächendeckend ausgeführt ist. In Regionen dieser Länder können durchaus eine halbe Millionen Menschen auf einer Fläche verstreut leben, die ein Mehrfaches der Fläche Deutschlands beträgt (z. B. Alaska). Hinzu kommen vielfach klimatische Bedingungen, wie sie in extrem kalten Gebieten Nordamerikas (USA, Kanada) und besonders im sibirischen Teil Russlands anzutreffen sind bzw. extrem heißen Regionen in Australien und im Süden der USA, die einen sicheren Betrieb von Stromversorgungseinrichtungen erheblich erschweren können. Dies bedeutet, dass Aggregate, Batteriespeicher und Windkraftanlagen speziell für die im Betrieb zu erwartenden Temperaturbereiche ausgelegt werden müssen.

Bei Windkraftanlagen für extrem kalte Regionen müssen neben Getriebeheizung und Blattenteisung auch Bauelemente der Elektrik und Elektronik zum Einsatz kommen, die einen sicheren Betrieb unter -60 °C erlauben. Beim Einsatz in extrem heißen und feuchten Gebieten müssen hingegen Getriebe, Generatoren und Elektronikkühlsysteme dem geforderten Temperatur- und Feuchteschutz gerecht werden.

Im Gegensatz zur Anwendung in Deutschland sind in diesen Ländern große Marktpotenziale vorhanden, wenn ein dauerhaft sicherer Betrieb auch unter extremen Bedingungen garantiert werden kann. Die notwendige Kaufkraft ist in diesen Ländern im Allgemeinen (mit Ausnahme von Russland) gegeben. Die Anforderungen an die Systemkomponenten hinsichtlich der Qualität des Stromes mit Spannungs- und Frequenzkonstanz, Oberschwingungsgehalt bzw. Klirrfaktor etc. und bezüglich der Verfügbarkeiten sind meist ähnlich gelagert wie bei uns in Deutschland. Dabei können Spannungswerte (115, 220, 230, 240 V) und Frequenzen (50, 60 Hz) durchaus von unseren Festlegungen abweichen. Komplette Versorgungssysteme können auch für diese Anwendungen modular aus Komponenten und Einheiten, entsprechend Abb. 74, aufgebaut werden.

10 Planung, Aufbau und Repowering von Windkraftanlagen

Bei der Planung von neu zu errichtenden Windkraftanlagen und Windparks müssen bereits im Vorfeld – von den Standortfragen ausgehend – die Windverhältnisse, daraus resultierende Potenziale und Erträge den folgenden Ausführungen entsprechend möglichst exakt ermittelt und Wirtschaftlichkeitsanalysen (Kap. 12) durchgeführt werden. Die Planung mit Genehmigung, die bauliche Ausführung, Errichtung und Inbetriebnahme der Anlagen sind im Abschnitt 10.2 mit den im Wesentlichen einzuhaltenden Rahmenbedingungen ausgeführt. Beim Repowering (Kap. 10.3) kann hingegen auf Erfahrungswerte bereits betriebener Anlagen zurückgegriffen werden.

10.1 Standortfragen

Neben der Windgeschwindigkeit, die zunächst betrachtet werden soll, spielt die Eignung des Geländes für die Windenergienutzung eine entscheidende Rolle. Im Küstengebiet sind Standorte in unmittelbarer Wassernähe zu bevorzugen. Sie weisen die geringste Rauigkeit auf. Etwa 5 km von der Küstenlinie entfernt installierte Anlagen erreichen erheblich geringere Energieerträge als Anlagen, die direkt an der Küste platziert sind. Im Binnenland sind exponierte Lagen von besonderem Interesse. Hochebenen bzw. Höhenzüge, die möglichst unbewaldet sind und aus der am häufigsten vorkommenden Windrichtung (in Deutschland meist Südwesten) frei angeströmt werden, sind bevorzugte Standorte. Dabei sollten in unmittelbarer Nähe keine weiteren Hügel oder Hindernisse liegen. Im Nahbereich von Natur- oder Landschaftsschutzgebieten sowie von Gebäuden oder Ortschaften ist mit Schwierigkeiten bei der Genehmigung zu rechnen. Entfernungen zur Netzanbindung sollten aus Kostengründen möglichst klein gehalten werden. Grundstücksbesitzverhältnisse, vorhandene bzw. zu befestigende Zuwegungen sowie die Festigkeit des Baugrundes sind bei der Standortauswahl vor allem aus Kostengründen zu beachten.

- **Windmessungen**

Die Windgeschwindigkeit wird normalerweise und internationalem Standard entsprechend in 10 m Höhe gemessen. Da neu installierte Windkraftanlagen momentan meist zwischen 50 und 120 m Nabenhöhe aufweisen und diese für Ertragsberechnungen zugrunde gelegt wird, werden Windmessungen auch in größeren Höhen (z. B. 30, 50, 100 m) vorgenommen, um genauere Ergebnisse zu erzielen. Hauptkomponenten moderner Windmesssysteme sind Windgeber, Windmessmast und Messcomputer, die einen vollautomatischen und wartungsfreien Betrieb erlauben. Voraussetzungen dafür sind ihre wetterfeste Ausführung, interner Blitzschutz und eine leistungsfähige Energieversorgung.

Zur Windgeschwindigkeitsmessung werden hauptsächlich Schalenkreuz-Anemometer verwendet. Ultraschall-, Flügelrad- und Hitzdraht-Anemometer sowie Venturidüsen bilden bisher eher die Ausnahme. Ultraschall-Anemometer können allerdings die Luftströmung in einer, zwei oder drei Dimensionen erfassen. Dabei sind ihre Genauigkeit, Auflösung und Messfrequenz um eine Größenordnung besser als bei Schalenkreuz-Anemometern. Für meteorologische Messungen entwickelte SODAR-Messverfahren (Sonis Detecting And Ranging) werden in Zukunft auch in der Windtechnologie an Bedeutung gewinnen. Zur Erfassung der Windgeschwindigkeiten und -richtungen über größere Zeiträume sind automatische Aufzeichnungsgeräte – sogenannte Datenlogger – erforderlich, die eine rechentechnische Auswertung der Daten ermöglichen. Üblicherweise beinhaltet das System z. B. auch ein Mobilfunkmodem zur Fernabfrage der Messwerte.

- **Berechnung der Windpotenziale nach der Wind-Atlas-Methode**
Für Standorte, an denen nicht auf Messungen zurückgegriffen werden kann, wurden Modellrechenverfahren entwickelt, die es erlauben, Windpotenziale mit relativ guter Genauigkeit abzuschätzen. Grundlage der Verfahren ist ein Europäischer Windatlas und das sogenannte Wind Atlas Analysis and Application Program (WAsP) [116]. Konkrete, langjährige Messungen [117] werden unter Berücksichtigung der örtlichen Gegebenheiten wie Hindernissen, Geländerauigkeiten und Orographie schrittweise auf Standardumgebungen (flaches Land, keine Hindernisse etc.) normiert. Diese Daten sind Grundlagen des Europäischen Windatlasses.

Um die Verhältnisse am geplanten Standort zu berechnen, werden regionale Statistiken vom WAsP-Modell unter Anwendung der örtlichen Parameter einbezogen. Dabei spielen windklimatologische Faktoren wie Geländestruktur, Oberflächenbeschaffenheit bzw. Geländerauigkeit und Hindernisse am Standort eine besondere Rolle. Weiterhin können auch Abschattungsverluste in Windparks Berücksichtigung finden.

Das WAsP-Programm wurde für eine Anwendung in Gebieten ohne komplexe Orographie entwickelt. Für Standortanalysen im Küstengebiet liefert es dementsprechend gesicherte Erkenntnisse über die örtlichen Windverhältnisse. In stark strukturiertem Gelände im Binnenland und Mittelgebirge sind derartige Rechenverfahren jedoch nur eingeschränkt anwendbar. Weiterentwickelte Methoden, die Düseneffekte in Geländestrukturen u. Ä. berücksichtigen, liefern auch für komplexe Geländestrukturen relativ gute Prognosen.

- **Rechnerische Ertragsbestimmung**
Auf Basis der aus Messungen oder Berechnungen bestimmten mittleren Windgeschwindigkeiten sowie Häufigkeitsverteilungen von Windgeschwindigkeit und Windrichtung werden über verschiedene Berechnungsverfahren relativ genaue Energie-

NUTZUNG DER WINDENERGIE

ertragsprognosen für bestimmte Windkraftanlagen erstellt. Das Prinzip zeigt Abb. 75. Aus der in 10 m Höhe gemessenen Häufigkeitsverteilung der Windgeschwindigkeiten wird beispielsweise auf eine Weibull-Verteilung in Nabenhöhe hochgerechnet (links unten in Abb. 75). Anhand der relativen Häufigkeiten lassen sich die Zeitdauern der einzelnen Windgeschwindigkeiten pro Jahr ermitteln. Ihre Multiplikation mit der Leistung der Windkraftanlage bei der jeweiligen Windgeschwindigkeit führt zu den sogenannten Klassenerträgen. Werden diese aufsummiert, ergibt sich in Form der Summenkurve (rechts oben in Abb. 75) der Jahresenergieertrag.

Technische Daten:
Nennleistung: 1500 [kW]
Rotordurchmesser: 66 [m]
Nabenhöhe: 67,0 [m]

Windgeschwindigkeiten:
in 10 m Höhe: 5,9 [m/s]
in Nabenhöhe: 7,8 [m/s]

Jahresenergieertrag der einzelnen Windgeschwindigkeitsklassen

Anlagenleistung in Abhängigkeit von der Windgeschwindigkeit in Nabenhöhe

☐ Häufigkeitsverteilung (10 m)
■ Weibull-Verteilung (Nabe)

Häufigkeitsverteilung der Windgeschwindigkeit in 10 m gemessen und auf Nabenhöhe umgerechnet

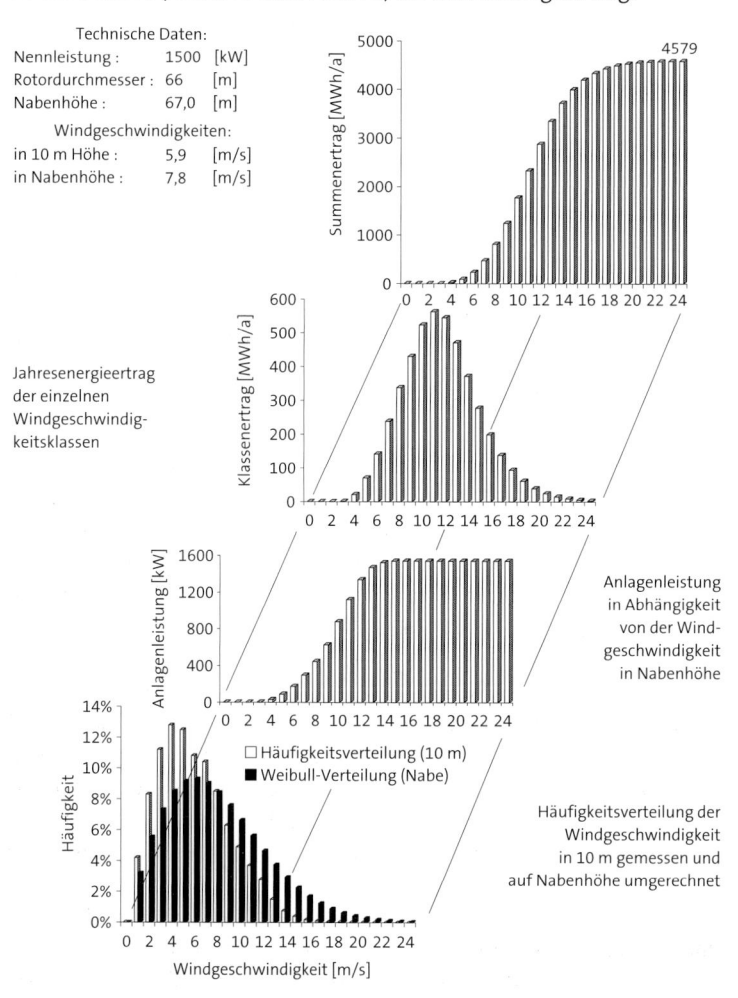

Abb. 75: Berechnung des Jahresenergieertrages (Summenerträge) einer WKA aus der gemessenen (oder berechneten) Häufigkeitsverteilung der Windgeschwindigkeit in 10 m Höhe

10.2 Planung und Bau von Anlagen

Bei der Planung und beim Bau von Windkraftanlagen müssen die rechtlich gegebenen Rahmenbedingungen eingehalten werden [118]. So soll durch die Errichtung von Windkraftanlagen keine Beeinträchtigung des Landschaftsbildes erfolgen. Die Ästhetik der Einzelanlagen und die Aufstellungsgeometrie bei Windparks können dabei entscheidenden Einfluss haben. Weiterhin dürfen stillstehende und rotierende Windenergieanlagen den zivilen und militärischen Flugverkehr nicht behindern. Flugsicherheitsbestimmungen sind gegebenenfalls einzuhalten. Belästigungen durch Lärm, Störung von Funk- und Radarübertragungen sowie des Fernsehempfangs für Anwohner etc. müssen vermieden werden. Beim Einsatz üblicher Antennenanlagen sind meist keine Empfangsstörungen festzustellen. Herstellerangaben und Berechnungsprogramme zu Geräuscherwartungen, Schattenwurf, visuellen Veränderungen etc. durch Windkraftanlagen ermöglichen es, Abstände zu Siedlungen, Gehöften usw. festzustellen und einzuhalten.

Bei der Genehmigung und Errichtung von Windkraftanlagen werden folgende Bundes- und Landesgesetze tangiert. Bundesweit gelten: Baugesetzbuch (BauGB) [119], Bau- und Raumordnungsgesetz (BauROG) [120], Baunutzungsverordnung (BauNVO) [121], Schutzbereichsgesetz (SchutzBerG) [122], Bundesnaturschutzgesetz (BNatSchG) [123], Bundesimmissionsschutzgesetz (BImSchG) [124], Bundesfernstraßengesetz(BFStrG) [125], Luftverkehrsgesetz (LuftVG) [126] und Wasserstraßengesetz (WaStrG) [127]. Die Länderkompetenz betreffen: Bauordnung, Landesplanungsgesetz, Landesentwicklungsprogramm, Landschaftsgesetz, Denkmalschutzgesetz, Straßen- und Wegegesetz. Weiterhin bestehen Richtlinien für die Zertifizierung [51, 129], für statische Nachweise [128] sowie für die Prüfung, Abnahme und Überwachung [62] von Windkraftanlagen.

- **Energiewirtschafts- und Stromeinspeisungsgesetz**
Das Energiewirtschaftsgesetz [130] verlangt vom Betreiber einer Windkraftanlage oder eines Windparks, den zuständigen Netzbetreiber in Kenntnis zu setzen und den Anschluss bzw. Betrieb am Netz genehmigen zu lassen. Die technischen Anforderungen sind in Kap. 8.1 ausgeführt. Eine genaue Abstimmung der Schutzeinrichtungen etc. ist mit dem jeweiligen Netzbetreiber vorzunehmen. Durch das „Erneuerbare-Energien-Gesetz (EEG)" werden die Mindestpreise für die Einspeisung von Strom aus regenerativen Energien geregelt (vgl. Kap. 12.1).

- **Immissionsschutz**
Das Bundes-Immissionsschutzgesetz [124], die VDI-Richtlinie 2058 [131] bzw. die Technische Anleitung zum Schutz gegen Lärm (TA Lärm) [132] legen die zulässigen Geräuschwerte fest. So liegen z. B. die Grenzwerte für Industriegebiete bei 70 dB(A). Für Gewerbegebiete gelten bei Tag 65 und bei Nacht 50 dB(A). In Kern-, Misch- und Dorfgebieten sind maximal 60 bzw. 45 dB(A) erlaubt. Im allgemeinen Wohn- und

Kleinsiedlungsgebiet werden bei Tag 55 und bei Nacht 40 dB(A) bzw. im reinen Wohngebiet 50 bzw. 35 dB(A) zugelassen. Die Höchstwerte in Kur- und Klinikgebieten betragen tagsüber 45 und nachts ebenfalls 35 dB(A). Der Abstand zum nächsten Gebäude ist so zu wählen, dass die angegebenen Grenzwerte (z. B. Schalldruckpegel für reines Wohngebiet bei Nacht) nicht überschritten werden. Dementsprechend müssen Mindestabstände eingehalten werden. Weiterhin sind bereits vorhandene Geräuschemissionen, z. B. auch durch Windkraftanlagen, bei der Bestimmung der Lärmbelastung zu berücksichtigen. Zu beachten ist, dass bei Volllastbetrieb die natürlichen Geräusche durch das Wehen des Windes meist derart überwiegen, dass bereits in wenigen Metern Abstand von den Windkraftanlagen keine Laufgeräusche mehr feststellbar sind.

- **Natur- und Landschaftsschutz**

Das Bundesnaturschutzgesetz (BNatSchG) stellt die Vielfalt, Eigenart und Schönheit der Natur (Tier- und Pflanzenwelt) und der Landschaft als Lebensgrundlage des Menschen und als Voraussetzung für seine Erholung unter den besonderen Schutz des Staates. Daher muss auch bei Windkraftanlagen, wie bei anderen Bauwerken, geprüft werden, ob dieser Eingriff in die Natur vertretbar ist. Unter Berücksichtigung der für die Natur positiven Effekte der Brennstoffeinsparung und der Vermeidung der damit verbundenen Emissionen werden im Naturschutzverfahren unter anderem die Auswirkungen der Windkraftanlagen auf die Vogelwelt (Vogelschlag, Verlust an Brut- und Rastplätzen) sowie die optische Beeinträchtigung der Landschaft (Fremdartigkeit, Sichtbarkeit, ortsuntypische Größendimension) beurteilt (Kap. 13).

- **Baurecht**

Beim Baurecht bzw. bei der Planung von Windkraftanlagen sind im Kompetenzbereich des Bundes das Baugesetzbuch (BauGB) [119] mit der Baunutzungsverordnung (BauNVO) [121] und im Rahmen der Länderzuständigkeit die betreffenden Landesbauverordnungen (LBO) zu beachten.

Auf Bundesebene sind grundsätzliche Fragen der Genehmigung von Standorten baulicher Anlagen geregelt. Dabei wird aufgrund des Baugesetzbuches die Bauleitplanung mit Bebauungs- und Flächennutzungsplan sowie die bauliche und sonstige Nutzung festgelegt. Die BauNVO bestimmt im Rahmen der Bauleitplanung die bauliche Nutzung, wobei die Bauweise mit überbaubaren und nicht bebaubaren Grundstücksflächen sowie die in Baugebieten zulässigen baulichen Anlagen und Vorrangregelungen zu beachten sind.

- **Vorgehensweise bei der Planung und Errichtung von Windkraftanlagen**

Abb. 76 gibt einen Überblick zu den Einzelschritten und zum Vorgehen bei der Planung und der Errichtung von Windkraftanlagen und Windparks. Schwerpunkte bilden dabei die Standortuntersuchungen, die Anlagenauswahl, eine Wirtschaftlichkeitsanalyse sowie die Genehmigungs-, Errichtungs- und Inbetriebnahmephase.

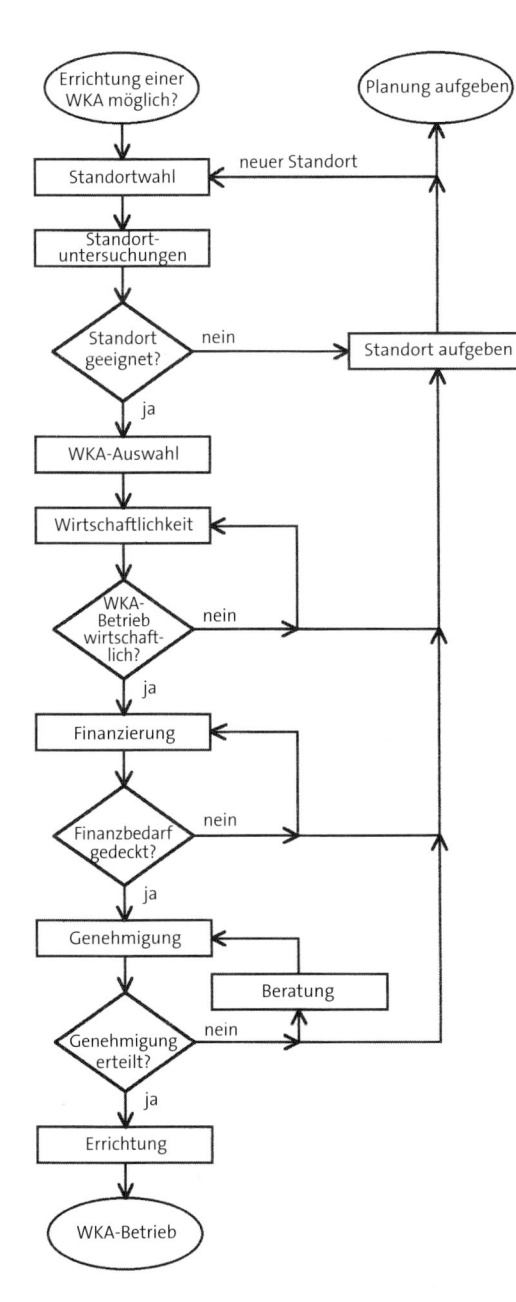

Abb. 76: Vorgehensweise bei der Planung und Errichtung von Windkraftanlagen

Anmerkungen:

WKA = Windkraftanlage

1. Standortuntersuchungen

- Windangebot
- Bebaubarkeit
- Infrastruktur
- Netzanschluss

2. WKA-Auswahl

- Anlagentechnik
  - direkt netzgekoppelte WKA mit Asynchrongenerator
  - drehzahlvariable WKA mit Frequenzumrichter und Synchrongenerator
- Anlagengröße
  - Bemessungsleistung
  - Rotorkreisfläche
  - Nabenhöhe
- Preis
- Förderung

3. Wirtschaftlichkeitsanalyse

- Annuitätenmethode
- Kapitalwertmethode

4. Genehmigung

- Bauantrag
- Natur- und Landschaftsschutz
- Netzanschluss (Beantragung / Genehmigung)

5. Errichtung

- Erwerb
  - WKA
  - Grundstück (evtl. Kauf oder Pacht)
- Bauausführung
  - Zufahrtswege
  - Fundament
  - Netzanschluss
  - WKA
- Inbetriebnahme

10.3 Repowering

Der Ersatz alter, meist kleiner Windkraftanlagen durch neue, große Einheiten bringt viele Vorteile mit sich. Ein Betrieb moderner Anlagen ist effizienter. Sie speisen zudem mehr elektrische Energie in das Netz ein. Weiterhin wird die Landschaft entlastet, da Windparks sozusagen ausgedünnt werden [133], [134]. Einer Studie zufolge, bei der die Küstenländer untersucht wurden [135], könnten innerhalb von 15 Jahren die Windkraftanlagen in Deutschland modernisiert werden. Dabei wird – auf der Basis von 2005 mit 17 GW installierter Windkraftanlagenleistung – eine Leistungssteigerung um das 2,5-Fache auf 42,5 GW und ein 3-facher Stromertrag mit rund 90 TWh angegeben.

Einzelergebnisse der Studie sind:
- Beim Repowering erhöht sich der Energieertrag um den Faktor 2,2 bis 4,3.
- Die installierte Leistung steigt um den Faktor 1,5 bis 3,5.
- Die Anlagenkapazität[1] verbessert sich um 13 bis 45 Prozent.
- Die Zahl der Anlagen reduziert sich um die Hälfte bis auf ein Fünftel.
- Die Bauhöhe der Turbinen wird etwa verdoppelt.

Die engen Höhenbegrenzungen und Abstandsregelungen der Länder stehen dem Repowering von Windkraftanlagen entgegen. Ihre Einhaltung ermöglicht nur minimale Effizienzgewinne. Derartige Perspektiven erschweren allerdings umfassende Neuinvestitionen. Die Länder behindern mit ihren Regelungen somit neben industriellem Wachstum und verstärkter sauberer Stromerzeugung auch die angestrebte Entlastung des Landschaftsbildes. Rechtliche Rahmenbedingungen des Repowerings sind in [136] angegeben.

---

[1] bezogen auf die mittlere jährliche Auslastung

11 Betrieb von Windkraftanlagen

Kleinere Windkraftanlagen im 10- bis wenige 100-kW-Bereich kamen hauptsächlich in den 80er- bis Mitte der 90er-Jahre zum Einsatz. Sie wurden meist von Privatpersonen geplant, erstellt, aufgebaut und betrieben. Bei Großanlagen und Windparks, die heute vorwiegend aufgebaut werden, ist dies eher die Ausnahme. Die zu ihrer Errichtung notwendigen großen Investitionen und das damit verbundene hohe Risiko kann nur durch Energieversorger, finanzstarke Firmen und auch durch den Zusammenschluss großer Interessentenkreise sicher getragen werden. Im Folgenden sollen daher, von heute üblichen Organisationsformen und -modellen ausgehend, die Kosten für den Bau und Betrieb sowie die Erträge von Windkraftanlagen mit den nachfolgenden Wirtschaftlichkeitsbetrachtungen aufgezeigt werden.

11.1 Organisationsmodelle

Die Finanzierung, die Planung, der Bau und der Betrieb von Windkraftanlagen und Windparks kann auf sehr vielfältige Weise organisiert werden. Anfang der 80er-Jahre wurden häufig kleine Anlagen von voll haftenden Einzelpersonen aufgebaut und betrieben. Da heute Einzelanlagen im Schnitt bei 2 MW liegen und die Investitionskosten für mehrere Anlagen meist die 10-Mio.-Grenze überschreiten, werden Windkraftanlagen und Windparks im Allgemeinen über Beteiligungen betrieben.

- **GmbH**
Eigenständige Anlagen- und Windparkbetreiber werden meist als Gesellschaft mit beschränkter Haftung (GmbH) gegründet. Sie werden über GmbH und Co. KGs über stille Beteiligte finanziert, wobei die GmbH komplementär und Vollhafter bis zu einer Höhe von 25.000 € ist. Interessierte Anleger beteiligen sich als Kommanditisten (Co.) an der Anlage. Sie tragen einen vereinbarten Betrag finanziell zum Projekt bei und sind am Gewinn oder Verlust anteilig beteiligt. Der Ergebnisanteil wird bei der persönlichen Einkommensteuer berücksichtigt. Mindestbeteiligungen liegen meist bei 10.000 €.

- **Geschlossene Fonds**
Als unternehmerische Beteiligung haben geschlossene Fonds meist die Rechtsform der Kommanditgesellschaft (KG), GmbH & Co. KG Kommanditgesellschaft auf Aktien (KGaA) oder als Personengesellschaft in Form der Gesellschaft bürgerlichen Rechts (GbR) bzw. selten der GbRmbH (mit beschränkter Haftung). Geschlossene Fonds werden von Fondsinitiatoren als Personen oder Gesellschaften gegründet. Sie strukturieren das Eigen- und Fremdkapital, wählen den Windpark aus, koordinieren und überwachen den Aufbau der Anlagen und den Fondsbetrieb. Dabei sind Fondsgröße sowie Erfahrung und Seriosität des Initiators von entscheidender Bedeutung [137], [138].

Geschlossene Umweltfonds investieren in verschiedene erneuerbare Energieträger. Diese sind national und international von starker Expansion geprägt. Durch das Erneuerbare-Energien-Gesetz (EEG) 2004 sind Investoren zusätzliche Sicherheiten für langfristige Einspeisevergütungen gegeben. Bekanntester Energieträger der sogenannten **Nachhaltigkeitsfonds** (Sustainable Fonds) ist die Windenergie. Beteiligungen in ausländischen Projekten können in Form von Renditefonds erfolgen. Bei Investitionen in Deutschland können Anleger anfangs negative steuerliche Einkünfte geltend machen. Später folgende positive Einkünfte übertreffen die Anfangsverluste meist erheblich.

Geschlossene **Windkraftfonds** konnten sich aufgrund ökologischer Investitionen und z. T. lukrativer Nachsteuerrenditen am Anlagemarkt etablieren. Der Windfonds ist für die Wahl der Grundstücke, die Errichtung der Anlage und die Einspeisung in das Verbundnetz verantwortlich. Die Fondsgesellschaft erhält während der Anlagenbetriebszeit die Vergütung für den eingespeisten Strom. Aus dieser ergeben sich die Ausschüttungen für die Investoren. Vorteile der Energiefonds sind hohe steuerliche Effizienz in der Anfangsphase und hohe Ausschüttungen, wobei das Management der Fondsgesellschaft die steuerliche Bearbeitung übernimmt [139]. Weitere Beteiligungsmodelle sehen Genussscheine an einer als Fonds investierenden Gesellschaft oder Zertifikate vor, die als rein rechtliche Schuldverschreibungen gelten. Einige Anbieter sind aus dem „geschlossenen Fonds" in die Form der Aktiengesellschaft (AG) gewechselt und bieten eine Beteiligung am Aktienkapital.

- **Bürgerwindpark**

Das Konzept der Bürgerwindparks zielt auf die Einbindung der Bürger und die Akzeptanz zum Bau und Betrieb in der Region um den Windpark ab. Einerseits wird angestrebt, möglichst viele Miteigentümer für den Windpark aus der Umgebung zu gewinnen. Andererseits werden beim Bau der Fundamente für die Windkraftanlagen, der Kabeltrasse zum Netzanschluss und der Wege möglichst regionale Firmen beauftragt. Eigentümerin des Bürgerwindparks ist eine Kommanditgesellschaft (KG), an der sich Anleger durch Kauf von Kommanditanteilen beteiligen. Bürger der Umgebung werden bei der Zuteilung der Kommanditanteile – auch mit kleineren Summen – bevorzugt. Als Kommanditisten sind sie Gesellschafter der Kommanditgesellschaft und somit Miteigentümer des Windparks [140].

11.2 Kosten

Für die Wirtschaftlichkeitsbetrachtungen in Kapitel 12 spielen die Kosten für die Anschaffung und den Aufbau sowie dabei entstehende Nebenkosten eine grundlegende Rolle. Darüber hinaus müssen alle beim Betrieb der Windkraftanlage anfallenden Kosten in die Berechnungen einbezogen werden.

- **Anlagenkosten**

Abb. 77 zeigt die Anlagenkosten in Abhängigkeit von der Turbinen-Nennleistung. Bei den unterschiedlichen Auslegungsvarianten, die in der Darstellung berücksichtigt wurden, weichen die Preise nur wenig von den Mittelwerten ab. Deutliche Differenzen sind bei Kleinanlagen zwischen Batterieladern und netzkompatiblen Anlagen zu erkennen. Weiterhin wird deutlich, dass Kleinanlagen im 1-kW-Bereich über 3.000 €/kW, in der 10-kW-Klasse bei etwa 2.000 €/kW und 100-kW-Anlagen unter 1.500 €/kW liegen. Somit lässt sich mit Kleinanlagen kein wirtschaftlicher Betrieb bei Netzeinspeisung mit EEG-Vergütung erzielen.

Anlagen ab der 0,5-MW-Klasse erlauben diesen jedoch. Sie bleiben im Mittel unter der 1.000-€/kW-Grenze und die 2- bis 3-MW-Anlagen liegen zwischen 700 und 800 €/kW. Kosten für Multi-MW-Anlagen konnten bisher noch nicht in das Diagramm nach Abb. 77 eingeordnet werden. Die teilweise starke Streuung der Anlagenkosten kann auf unterschiedliche Konzeptionen und verschiedene Turmhöhen zurückgeführt werden. Zum Teil erhebliche Preisanstiege sind auf höhere Türme und rasant gestiegene Rohstoffkosten zurückzuführen.

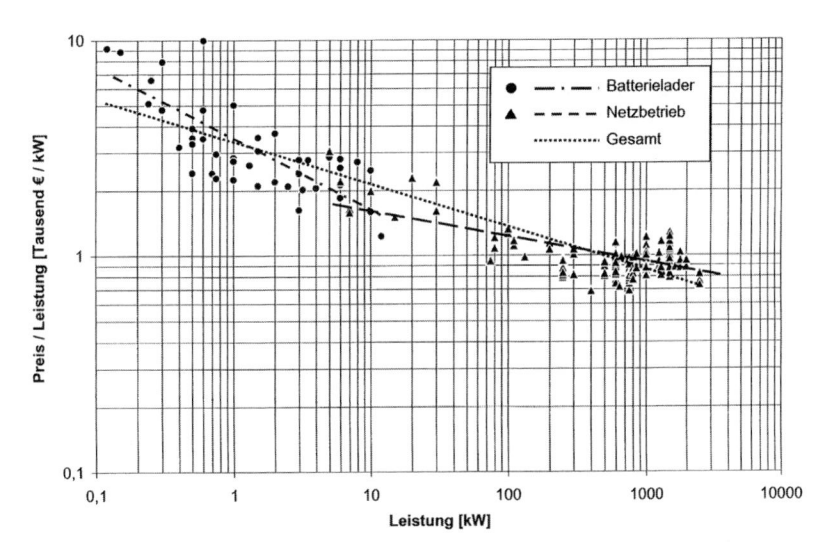

Abb. 77: Bezogene Anschaffungskosten von Windkraftanlagen pro kW in Abhängigkeit von der Nennleistung

- **Nebenkosten**
Neben den Anschaffungskosten sind Kosten für die Erschließung des Geländes, zur Anlagenerrichtung (Wege, Standflächen für Kran etc.), zur Netzanbindung bis hin zu den Kosten zur Finanzierung des Projektes in den Gesamtkostenrahmen mit einzubeziehen. Üblicherweise kann bei Windkraftanlagen an Land mit Investitionsnebenkosten von etwa 30 % bei Erfahrungswerten von ca. 27 bis 31 % gerechnet werden. Besonders günstige Vorhaben lassen sich auch mit 20 % Nebenkosten realisieren [38]. Für Offshore-Anlagen wurden 60 % Nebenkosten angesetzt. Möglicherweise erheblich höhere Nebenkosten und ein wesentlich größeres Risiko bei Bau und Betrieb der Anlagen im Meer haben dazu geführt, dass in Deutschland bisher keine Offshore-Projekte realisiert wurden.

- **Investitionskosten**
Die gesamten kalkulierten Investitionskosten, die sich als Summe der Anschaffungs- und Nebenkosten errechnen, werden als internationale Vergleichswerte für das Jahr 2005 nach [141] angegeben mit
  - 1.200 €/kW bzw. 1.430 US-Dollar/kW für Anlagen an Land und
  - 1.700 €/kW bzw. 2.026 US-Dollar/kW für Offshore-Anlagen.

- **Betriebskosten**
Die Betriebskosten von Windkraftanlagen lassen sich durch die langfristigen Erhebungen im Wissenschaftlichen Mess- und Evaluierungsprogramm durch das ISET in Kassel auf gut gesicherter Basis entsprechend Abb. 78 belegen [38]. Dazu sind die langjährigen und letztjährigen Mittelwerte der jährlichen Betriebskosten auf die Anlagenleistung bezogen in €/kW dargestellt. Es zeigt sich, dass die Anlagen bis zur 1-MW-Klasse etwa 30 €/kW an Betriebskosten pro Jahr verursachen. Einzige Ausnahme bilden die 400-kW-Anlagen mit ca. 20 €/kW. Turbinen über der 1,5-MW-Klasse liegen bei etwa 15 €/kW. Gesicherte Erfahrungswerte von größeren Anlagen liegen in dem o. g. Programm nicht vor.

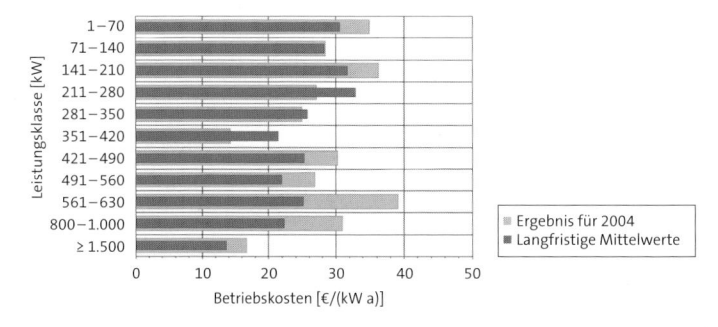

Abb. 78: Durchschnittliche jährliche Betriebskosten pro kW installierter Leistung (ISET)

Nach [38] ergeben sich weiterhin die durchschnittlichen jährlichen Betriebskosten pro kWh Jahresarbeit in Höhe von 3,5 bis 4 Euro-Cent pro kWh und Jahr für Anlagen bis 70 kW, 2,6 bis 2,8 ct / kWh · a für Anlagen bis 1.000 kW. Nur die Anlagen über 1.500 kW unterschreiten im langjährigen Mittel die Grenze von 1 ct / kWh · a.

- **Erträge von Windkraftanlagen**

Die Erträge von Windkraftanlagen sind für einen erfolgreichen Betrieb von grundlegender Bedeutung. Ihre Darstellung und Bewertung kann auf sehr unterschiedliche Weise auf jährliche Energie- oder Geldwerterträge bezogen erfolgen. Den besten Überblick bei größter Datenbasis über den längsten Zeitraum bieten die Auswertungen aus dem WMEP [38]. Abb. 79 zeigt für die Standortkategorien Mittelgebirge, Norddeutsche Tiefebene und Küste die spezifischen monetären Jahreserträge pro kW installierter Windkraftanlagenleistung. Hieraus wird deutlich, dass Standorte an der Küste die höchsten, in der Norddeutschen Tiefebene und im Mittelgebirge meist etwas niedrigere Erträge liefern.

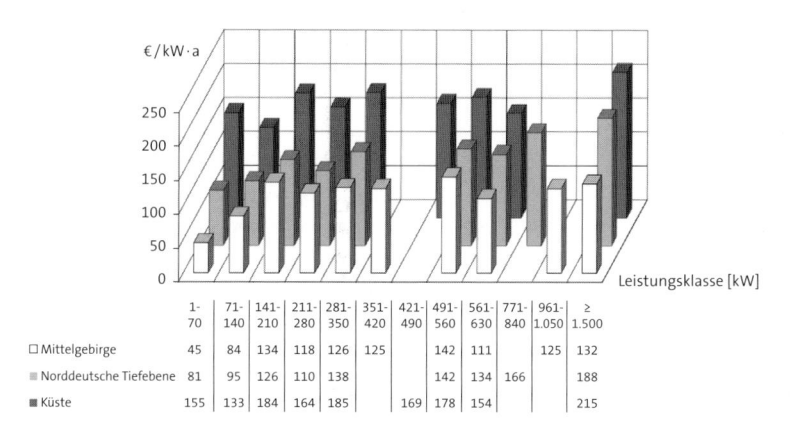

Leistungsklasse [kW]	1-70	71-140	141-210	211-280	281-350	351-420	421-490	491-560	561-630	771-840	961-1.050	≥ 1.500
☐ Mittelgebirge	45	84	134	118	126	125		142	111		125	132
▥ Norddeutsche Tiefebene	81	95	126	110	138			142	134	166		188
■ Küste	155	133	184	164	185		169	178	154			215

Abb. 79: Spezifische monetäre Jahreserträge pro kW installierter Leistung (ISET)

Die einzelnen Monate im Jahr sowie die jeweiligen Monate im Vergleich über mehrere Jahre können sehr unterschiedliche Erträge aufweisen. Weiterhin ergeben sich Differenzen zwischen den einzelnen Jahren. Wird vom langjährigen Mittel zwischen 1990 bis 2004 als 100 % ausgegangen, ergeben sich z. B. 1995 106 % und 2004 nur 91 % des mittleren Ertrages. 1999 hatte bis November einen ähnlich schlechten Verlauf wie das Jahr 2004, erreichte aber mit den Dezemberstürmen noch 97 % des Mittelwertes [38].

12 Wirtschaftlichkeitsbetrachtungen

Die Nutzung der Windenergie zur Energieversorgung verbreitert die Energieversorgungsbasis und verringert die Umweltbelastung. Sie ist besonders sinnvoll, wenn wirtschaftliche Konkurrenzfähigkeit mit üblicherweise verwendeten Energieträgern besteht. Bei Wirtschaftlichkeitsuntersuchungen von Windkraftanlagen müssen zahlreiche Aspekte berücksichtigt werden. Ausgehend vom Einsatzfall muss das Zusammenwirken wichtiger Einflussgrößen [1], [36], [38], [47] berücksichtigt werden. Unerlässlich sind die Kenntnisse über die Anlagenkosten und über die zu erwartende Energielieferung (Kap. 11). Die rechnerische bzw. konstruktive Auslegung und die damit angestrebte Lebensdauer einer Anlage haben Einfluss auf die Herstellungskosten und die Energielieferung. Diese bestimmen in Verbindung mit dem Einsatzfall und den genannten Randbedingungen insgesamt die Wirtschaftlichkeit einer Windkraftanlage.

12.1 Entwicklung und Trends der Einspeisevergütung

Für die Anlagenbetreiber sind – neben den Anlagen- und Betriebskosten – die Einspeisevergütung und ihre langfristige Sicherstellung von entscheidender Bedeutung für die Wirtschaftlichkeit. Seit der Einführung des Stromeinspeisegesetzes 1991 und der zweimaligen Fortschreibung durch das Erneuerbare-Energien-Gesetz 2000 und 2004 sind die Einspeisetarife geregelt. Sie betragen 2005 an Land momentan zwischen 8,53 Euro-Cent am Anfang und 5,5 Euro-Cent nach Erreichen der Referenzeinspeisung an windgünstigen Standorten. Abb. 80 zeigt die Entwicklung der Einspeisevergütung für Strom aus Windenergie im Zeitraum zwischen 1991 und 2013. Im Offshore-Bereich soll die Einspeisevergütung bei mindestens zwölf Seemeilen vor den Küsten installierten Anlagen zwischen 9 und 6 Euro-Cent / kWh betragen. Diese Einspeisevergütung ist für die Realisierung der ersten Offshore-Vorhaben jedoch noch zu niedrig. Daher werden bereits geplante und genehmigte Offshore-Projekte momentan noch nicht ausgeführt. Dieser Betrag verringert sich darüber hinaus um 2 % pro Jahr nominal. Dadurch wird eine Angleichung der Einspeisevergütung der Windenergie an konventionelle Stromerzeuger innerhalb des nächsten Jahrzehntes angestrebt.

Abb. 80: Entwicklung der Einspeisevergütung für Strom aus Windenergie (ISET) [38]

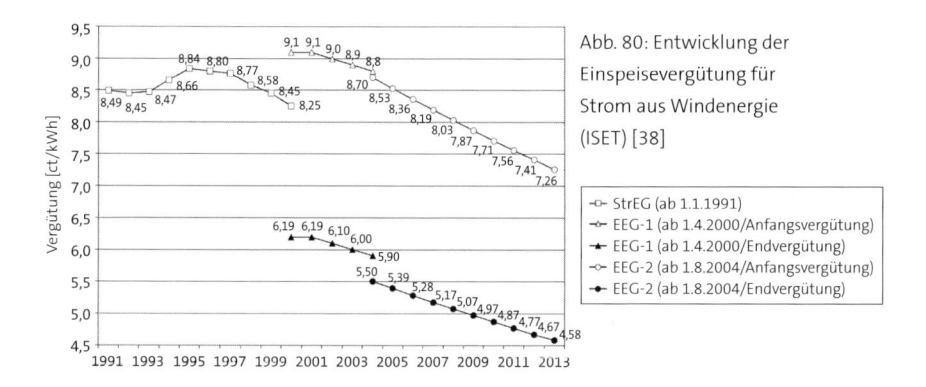

- StrEG (ab 1.1.1991)
- EEG-1 (ab 1.4.2000/Anfangsvergütung)
- EEG-1 (ab 1.4.2000/Endvergütung)
- EEG-2 (ab 1.8.2004/Anfangsvergütung)
- EEG-2 (ab 1.8.2004/Endvergütung)

12.2 Stromgestehungskosten

Ausgehend vom Einsatzfall, d.h. im Netzparallelbetrieb oder bei Inselversorgungen, können die ökonomischen Rahmenbedingungen große Unterschiede aufweisen. Netzeinspeise- bzw. Netzbezugskosten in Höhe von 5 bis 15 Euro-Cent / kWh stehen Stromerzeugungskosten von 15 bis 25 Euro-Cent / kWh für größere Inselversorgungen im 100-kW- bis 1-MW-Bereich und 0,5 bis 1 €/kWh in der wenige Watt- bis Kilowatt-Größenordnung gegenüber. Weiterhin sind meteorologische und technologische Randbedingungen z. B. bei Installation von großen Anlagen mit Kosten von ca. 1.000 € pro kW bzw. kleinen Anlagen für etwa 2.000 bis 3.000 € pro kW in windgünstigen Küsten- oder Inselstandorten bzw. in Schwachwindlagen zu berücksichtigen.

Abb. 81: Gestehungskosten für Strom aus Windenergie (ISET) [38]

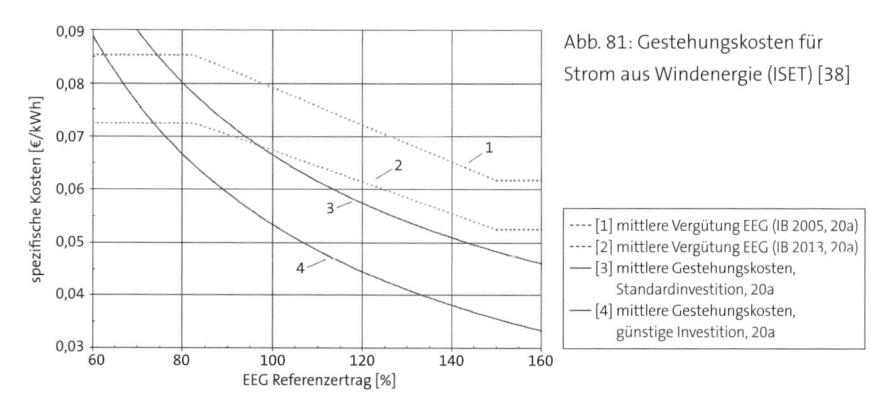

- - - [1] mittlere Vergütung EEG (IB 2005, 20a)
- - - [2] mittlere Vergütung EEG (IB 2013, 20a)
— [3] mittlere Gestehungskosten, Standardinvestition, 20a
— [4] mittlere Gestehungskosten, günstige Investition, 20a

Abb. 81 verdeutlicht die momentan gegebene Abhängigkeit der Stromgestehungskosten aus der Windenergie vom EEG-Referenzertrag bzw. vom Verhältnis des tatsächlichen Energieertrages einer Windkraftanlage (hier über die ersten fünf Betriebsjahre gemittelt) zum sogenannten Referenzertrag. Hierbei wird die Einspeisevergütung über 20 Jahre für eine Anlage gezeigt, die 2005 (Kurve 1) bzw. 2013 (Kurve 2) in Betrieb genommen wird. Kurve 3 gibt die Stromgestehungskosten der momentan marktdominanten 1,5-MW- bis 2-MW-Anlagen wieder. Kurve 4 entstand durch günstigere Investitionsnebenkosten und Finanzierungsbedingungen.

12.3 Betriebswirtschaftliche Berechnungsmethoden

Um die Wirtschaftlichkeit von Windkraftanlagen zu beurteilen, können statische und dynamische Berechnungsmethoden angewandt werden. Bei der Annuitätenmethode werden Erträge und Kosten während der gesamten Abschreibungsdauer als gleich bleibende Beträge (statisch) angenommen. Im Gegensatz dazu werden bei der Kapitalwertmethode der Wertverlust des Darlehens infolge Inflation sowie steigende oder fallende Erträge durch Erhöhung oder Absenkung der Einspeisevergütung in die Rechnung mit einbezogen. Weiterhin spielen bei Wirtschaftlichkeitserwägungen Förderprogramme eine wesentliche Rolle.

Die Anlagenkosten (Anhaltswerte s. Abb. 77) stellen auf der Kostenseite den größten Anteil dar. Sie lassen sich bei ausreichender Beschreibung des Einsatzfalles einschließlich der technischen Anlagendaten und der voraussichtlichen Kosten für die Wartung und Instandhaltung (Abb. 79) beim Hersteller bzw. Anbieter erfragen. Ortsabhängige Transport-, Fundamentierungs- sowie Leitungs- und Anschlusskosten sind ebenfalls zu berücksichtigen. Die gesamten Investitionskosten liegen an Land (onshore) etwa zwischen 20 und 30 % und im Meer (offshore) ca. 60 bis 100 % über den reinen Anlagenkosten. Falls Investitionskostenzuschüsse im Rahmen von Fördermaßnahmen [142] gewährt werden, vermindern sich die Anschaffungskosten um diesen Beitrag.

- **Annuitätenmethode**

Jährlich anfallende Betriebs- und Kapitalkosten sowie Steuern müssen in die Rechnung mit einbezogen werden. Die jährlichen Betriebs- und Nebenkosten können z.B. näherungsweise für Wartung etwa 1,25 %, Versicherung ca. 0,9 %, Selbstbeteiligung und sonstige Kosten ungefähr 0,4 bis 0,6 % angesetzt werden. Wesentlich genauere Werte sind – nach Leistungsklassen gestaffelt – den Abb. 77 bis 79 zu entnehmen oder anlagenspezifisch bei Herstellern etc. zu erfragen. Mithilfe der Annuität

$$K = p + \frac{p}{\left(1+\frac{p}{100}\right)^z - 1}$$

p = Zinssatz in %
z = Rückzahlungsdauer in Jahren
K = Annuität in %

die den jährlich prozentualen Anteil an Zins und Tilgung für fremdfinanzierte Darlehen wiedergibt, können die Kapitalkosten in einfacher Weise bestimmt werden. Bei zehnjähriger Laufzeit und einem Zinssatz von 6 % kann mit einer Annuität von 13,5 % gerechnet werden.

WIRTSCHAFTLICHKEITSBETRACHTUNGEN

Die jährlichen Erträge von Windkraftanlagen ergeben sich aus der Jahresenergielieferung und der Einspeisevergütung. Durchschnittlich erzielte monetäre Erträge für verschiedene Anlagengrößen können Kap. 11.2 für Küsten-, Norddeutsche Tiefebene- und Mittelgebirgs-Standorte entnommen werden.

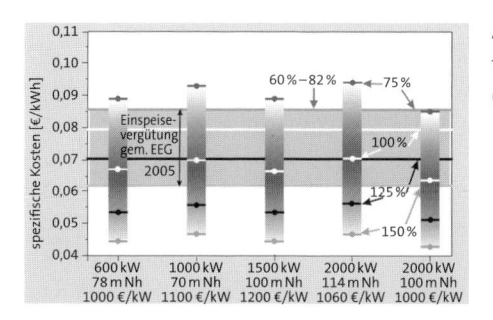

Abb. 82: Vergleich der Stromgestehungskosten für unterschiedliche Anlagengrößen (ISET) [38]

Abb. 82 gibt die spezifischen Stromgestehungskosten für Anlagen von 600 kW bis 2 MW Nennleistung wieder. Der erhoffte Trend mit deutlichen Kostenvorteilen der größten Anlagen ist nicht erkennbar. Die Berechnungen basieren auf den Randbedingungen von Kurve 3 in Abb. 81. Die rechte Seite der Abb. 82 verdeutlicht den Vergleich bei der Wahl einer Turbine mit 100 bzw. 114 m Nabenhöhe (Nh). In diesem Beispiel schneidet die Anlage mit der niedrigeren Nabenhöhe besser ab, das heißt bereits bei 75 % Referenzertrag ist ein wirtschaftlicher Betrieb im Rahmen der EEG-Einspeisevergütung zu erwarten.

- **Kapitalwertmethode**

Zur betriebswirtschaftlichen Beurteilung von Windenergieanlagen wird die dynamische Berechnungsweise mithilfe der Kapitalwertmethode einer langjährigen Betrachtungsweise gerecht. Ausgangspunkt ist die Gleichung:

$$C_0 = \sum_{i=1}^{n} \cdot \left(\frac{1+r}{1+p}\right)^i \cdot (E_i - K_i) - I_0$$

mit

C_0	Kapitalwert	p	Zinssatz	n	Laufzeit
r	Inflationsrate	r_f	reale Energiekosten-	i	Jahr
k_f	Energiekosten		steigerung	K_i	$f(r_b)$ Kosten im Jahr i
E_i	$= E_0 \cdot k_f \cdot (1+r_f)^i \cdot \gamma$	r_b	prozentualer Anteil	I_0	investiertes Kapital
	Ertrag für die erzeugte		von I_0 für Wartung,	γ	techn. Verfügbarkeit
	Energie (im Jahr i)		Instandhaltung		

Iterative Lösungsverfahren erlauben z. B. die Bestimmung der Amortisationszeit A_z, d. h. des Jahres i, in dem $C_0 = 0$ ist. Für $C_0 = 0$ und n als vorausgesetzte Amortisationszeit, die als Grenzwert die Anlagenlebensdauer erreichen kann, lassen sich aus der Gleichung auch die dann erforderlichen Energiekosten k_f im Basisjahr berechnen.

Berücksichtigung externer Kosten
Werden bei den momentan noch dominierenden fossilen und nuklearen Energieträgern die sogenannten „externen Kosten" in die Vergütungen mit einbezogen, kann die Windenergie schon heute aus volkswirtschaftlicher Sicht mit konventionellen Energien konkurrieren. Deren externe Kosten fallen als lokale und globale Belastungen insbesondere durch Schadstoffausstoß etc. beim Abbau und bei der Wandlung fossiler und nuklearer Energien an. Klimaveränderungen, Dürren und Fluten sowie Krankheiten usw. sind die Folgen. Dadurch fallen unter anderem Reparatur- und Sanierungs- sowie zusätzliche Gesundheitskosten an. Hierbei werden alle Stufen – vom Bau über den Betrieb bis zur Entsorgung eines Kraftwerkes – mit einbezogen [143]. Ein methodischer Ansatz zur Quantifizierung und Bewertung von Umweltschäden durch die Stromerzeugung, der international anerkannt ist, führt auf die folgenden externen Kosten. Diese betragen für Erdöl 5 bis 8, Stein-/Braunkohle 3 bis 5, Biomasse 3, Erdgas 1 bis 2, Photovoltaik 0,6 und für Windenergie 0,05 Euro-Cent pro KWh [144]. Kernkraftwerke sind bei dieser Auflistung nicht enthalten, da ihre Bewertung methodisch noch nicht gelöst ist. Die Veränderung der Artenvielfalt, die Behandlung von Unfallrisiken bei Kernkraftwerken und die Einschätzung von Schäden treten erst mit einer größeren zeitlichen Verzögerung auf.

Die Ausführungen zeigen, dass durch die Nutzung erneuerbarer Energien externe Kosten vermieden werden können. Sie werden bisher von der Gemeinschaft getragen. Ihre Berücksichtigung führt dazu, dass die Windenergie aus volkswirtschaftlicher Sicht bereits heute mit konventionellen Versorgungssystemen konkurrenzfähig ist.

13 Ökobilanz

Durch Menschen herbeigeführte Veränderungen in der Landschaft, der Natur, dem Klima und der Tierwelt an Land, im Meer und in der Luft haben Auswirkungen auf das gesamte Ökosystem. Diese einzuschätzen und zu bilanzieren bzw. mit anderen Einrichtungen zu vergleichen soll im Folgenden ansatzweise vorgenommen werden. Darüber hinaus bieten Maßzahlen zur energetischen Amortisation und zum Erntefaktor gute Vergleichsmöglichkeiten zur Ökobilanz von Windkraftanlagen.

- **Beitrag zum Klimaschutz**

Die bis heute dominierenden fossilen Energietechnologien verursachen CO_2-Emissionen. Diese werden von 2004 mit ca. 27,5 Mrd. Tonnen jährlich [145] auf rund 38 Mrd. Tonnen im Jahr 2020 ansteigen [146]. Zunehmende Erderwärmung sowie Klima- und Naturkatastrophen werden die Folge sein.

Deutschland hat sich zum Ziel gesetzt, die CO_2-Emissionen von 1990 bis zum Jahr 2020 um 25 % und bis 2050 um 80 % zu reduzieren. Dabei wird dem Ausbau erneuerbarer Energien, d. h. momentan und in den nächsten Jahren insbesondere der Windenergie, eine Schlüsselrolle zukommen. Bei der energetischen Anwendung ist mit folgenden CO_2-Emissionen zu rechnen: bei Braunkohle 111.000, bei Steinkohle 93.000, bei Schwerölen 80.000 und bei Erdgas 56.000 Tonnen CO_2 pro Petajoule (PJ) [147]. Im Vergleich dazu können die Emissionen durch erneuerbare Energien als überaus gering angesehen werden. Sie fallen insbesondere bei der Produktion der Anlage an und betragen z. B. für eine 1,8-MW-Windkraftanlage ca. 906 Tonnen CO_2 [148]. Während des Betriebes kommt es zu nahezu keinen weiteren Emissionen. Das CO_2-Äquivalent von Windenergie kann mit 20 und das von Steinkohle mit 950 g pro kWh elektrisch erzeugter Energie angegeben werden. Somit trägt die Windenergie in erheblichem Maße zum Klimaschutz bei.

- **Landschaftsverbrauch**

Die Umgebung von Windkraftanlagen und die Flächen von Windparks können als Acker- und Weideland nahezu vollständig landwirtschaftlich genutzt werden. Lediglich Fundamentflächen (z. B. 15 x 15 m) gehen der Landwirtschaft verloren. Zuwege können hingegen doppelt genutzt werden. Landwirten eröffnet sich somit durch Eigenbetrieb von Windkraftanlagen oder durch Verpachtung von Windparkstandorten ein erhebliches Zusatzeinkommen bzw. eine sogenannte „zweite Ernte" [149].

Obwohl die Energiedichten von erneuerbaren im Vergleich zu konventionellen Umwandlungsprozessen relativ klein sind, ergeben sich aufgrund der stetigen Regenerierung der Energien relativ günstige effektiv erforderliche Flächenverhältnisse. Im Vergleich zum Braunkohleabbau in Deutschland würden bei einer Windenergienutzung weniger als 15 % der Fläche von rund 700 km^2 versiegelt, die beim Tagebau „vernichtet" wird, um 150 Mrd. kWh Strom zu erzeugen [150].

- **Vogelschlag**

Zahlreiche ornithologische Untersuchungen zum Vorkommen von Rast-, Brut- und Zugvögeln in der Nähe von Windkraftanlagen kommen zu dem Ergebnis, dass nur wenige Arten auf Dauer in ihrem Verhalten beeinflusst werden [151]. Durchschnittlich wird mit 0,5 toten Vögeln pro Anlage und Jahr gerechnet. Dies entspricht derzeit statistisch 8.000 toten Vögeln im Jahr. Mehr als zwei Vögel pro Windkraftanlage und Jahr traten nach [152] nur an Feuchtgebieten und Gebirgsrücken auf. Verglichen mit jeweils 5 bis 10 Mio. Vögeln, die pro Jahr im Straßenverkehr und an Hochspannungstrassen sterben, kommt der Vogelschlag durch Windkraftanlagen vergleichsweise sehr selten vor.

- **Recycling von Windkraftanlagen**

Windkraftanlagen stellen relativ große Bauwerke mit hoher Masse dar. Neben einem kostengünstigen Aufbau kommt auch der Wiederverwendung der Werkstoffe große Bedeutung zu, da sie momentan enormen Kostensteigerungen unterliegen.

Bei Windkraftanlagen mit Getriebe und Stahlturm kann inklusive Fundament mit ca. 60 % der Masse aus Stahlbeton und etwa 30 % aus Stahl gerechnet werden [153]. Getriebelose Anlagen mit Betonturm haben hingegen ca. 90 % Beton und unter 10 % Stahlanteile [146]. Nur rund 0,5 bis 2 % entfallen auf glas- und zum Teil auch kohleverstärkte Verbundwerkstoffe der Rotorblätter. Kupfer, Aluminium, Elektroteile, Betriebsflüssigkeiten liegen nach [153] z. T. weit unter 1 %.

Der Beton des Fundamentes (tiefer als 1,5 m im Boden kann verbleiben) und gegebenenfalls des Turmes kann als Zuschlagstoff im Straßenbau Verwendung finden. Metallwerkstoffe wie Stahl, Gusseisen, Aluminium und Kupfer werden in Gießereien eingeschmolzen und Elektroschrott lässt sich in Scheideanstalten stofflich trennen und weiterverwerten. Während früher etwa 20 % als nicht verwertbarer Abfall zurückblieben, werden moderne Windkraftanlagen annähernd zu 100 % wieder verwertet [153].

ÖKOBILANZ

- **Energetische Amortisationszeit und Erntefaktor**

Die energetische Amortisationszeit ist die Zeit, die ein System benötigt, um die Energie, die zur eigenen Herstellung notwendig war, wieder zu erzeugen. Der Erntefaktor gibt hingegen an, wie häufig die Amortisationszeit einer Anlage während ihrer betrieblichen Nutzungsdauer durchschritten wird. Beide Werte bilden eine wichtige Basis für ökologische Betrachtungen. Das bedeutet: je kleiner die energetischen Amortisationszeiten und je größer die Erntefaktoren sind, desto energetisch effektiver ist z. B. hier die Stromerzeugung aus Windkraftanlagen.

Untersuchungen am Beispiel zweier getriebelos ausgeführter Windkraftanlagen (Enercon E40 mit 500 kW bzw. E66 mit 1.500 kW Nennleistung) ergaben nach [154] energetische Amortisationszeiten zwischen drei und sechs Monaten und Erntefaktoren von ca. 70 für die große bzw. etwa 40 für die kleine Anlage bei 20 Jahren Lebensdauer.

Werden die Windverhältnisse am Aufstellungsort in die Betrachtungen mit einbezogen, ergeben sich nach [155], [156] bei einer mittleren Windgeschwindigkeit von 4 m/s 7 bis 22 Monate Amortisationszeit und Erntefaktoren von 11 bis 36. Bei 5,5 m/s beträgt die Amortisationszeit 4 bis 11 Monate bzw. 21 bis 63 als Erntefaktor. Bei 7 m/s kann man mit 2 bis 7 Monaten Amortisationszeit bzw. mit Erntefaktoren zwischen 31 und 93 rechnen.

Konventionelle Kraftwerke kommen auf eine viel geringere Ausbeute, da während ihres Betriebes ständig Energie in Form von Rohstoffen zugeführt werden muss.

14 Windenergieforschung und -entwicklung

Die Anwendung der Windenergie hat sich national und international zum Energiesektor mit dem größten Wachstum entwickelt. Ihr kommt für eine klima- und ressourcenschonende Energieversorgung zentrale Bedeutung zu. Ihre tragende Rolle wird sie auch in den nächsten beiden Jahrzehnten beibehalten. Dazu muss die Wettbewerbsfähigkeit der Windenergie gegenüber fossilen und nuklearen Energieträgern verbessert werden. Eine Intensivierung von Grundlagen- und Anwendungsforschung ist dazu unumgänglich. Die Kostensenkung von Windkraftanlagen und ihrer Stromerzeugung wird dabei eine Schlüsselstellung einnehmen. Sie wird das Ziel für zukünftige Forschungs- und Entwicklungsansätze bilden.

Die Windenergienutzung an Land ist weitgehend dezentral strukturiert. Offshore-Windparks werden hingegen im 100-MW- bis mehrere GW-Bereich liegen. Sie sind vergleichbar mit Großkraftwerken und stellen eine neue Qualität technologischer, ökonomischer und ökologischer Anforderungen dar. Offshore-Potenziale lassen sich nur erschließen, wenn durch Forschung, Entwicklung und Betrieb noch gegebene Risiken kalkulierbar werden. Fortschritte, z. B. in den Bereichen neuer Materialien, der Antriebs- und Umrichtertechnik, müssen verstärkt werden, um auch weiterhin als Schrittmacher für andere Industriezweige zu dienen.

Die Forschung im Bereich der Windenergie ist in Deutschland durch die firmeninternen Anstrengungen der Anlagen- und Komponentenhersteller stark geprägt. Bund und Länder ergänzen diese. Die industrielle Beteiligung deutscher Hersteller auf europäischer Ebene nimmt eher eine untergeordnete Stelle ein. Eine stärkere Vernetzung der Forschungsaktivitäten, die Einhaltung internationaler Standards und langfristig ausgerichtete Forschungs- und Entwicklungsschwerpunkte stellen die Basis für eine Professionalisierung dieses Industriezweiges dar. Die Forschungsfelder lassen sich untergliedern in themenorientierte Bereiche der Grundlagen- und Anwendungsforschung, die in Kap. 14.1 folgen, sowie in Neuentwicklungen im Bereich von Prototypen und Projekten, die in Kap. 14.2 abschließend dargestellt werden.

14.1 Grundlagen- und Anwendungsforschung

Die Grundlagen- und Anwendungsforschung soll – orientiert an den Kernthemen Umgebungsbedingungen, Anlagentechnik, Integration in Netze, sozioökonomische Aspekte sowie ökologische Begleitforschung – im Folgenden kurz dargestellt werden. Eingehende Ausführungen werden in [157] wiedergegeben.

- **Umgebungsbedingungen**
Über die Charakteristik des Windfeldes am Standort von Windkraftanlagen und die Umgebung sind Kenntnisse und Prognosen in der Zeitskala von Sekunden bis zu mehreren Jahrzehnten notwendig, um kurzzeitige Informationen in das – langjährig sich im Wandel befindliche – Klimageschehen einzuordnen und die Basis für Finanzierungen bilden zu können. Bei Turbinen der Multi-MW-Klasse müssen Änderungen der Windgeschwindigkeit und -richtung über die überstrichene Fläche erfasst werden. Die Strömungsbedingungen in und um Windparks mit den induzierten Strömungsänderungen durch einzelne Windkraftanlagen als auch des Parks gewinnen zunehmend an Bedeutung.

- **Anlagentechnik**
Die Weiterentwicklung der Anlagentechnik nimmt eine Schlüsselstellung ein für die weitere Senkung der Energiegestehungskosten und für die Erschließung von neuen Standorten im Offshore- und Binnenland-Bereich sowie windstarken Gebieten im Ausland. Dazu sind vordringlich größere, effizientere Anlagen für anspruchsvolle Standorte zu entwickeln sowie die Technologie bestehender Anlagen weiterzuentwickeln und die Wirtschaftlichkeit zu erhöhen. Im Großanlagenbau stellen die Belastungen von Tragstrukturen eine besondere Herausforderung dar. Dynamische Belastungen können insbesondere durch Last-Monitoring und fortschrittliche Regelungsverfahren wie Einzelblattverstellung, aktive Triebstrang- und Turmdämpfung reduziert werden. Weiterhin sind in der Rotorblatttechnologie Gewichtsreduktion, Automatisierung der Fertigung, Einbau von Lastsensoren und Geräuschreduktion zu nennen. Darüber hinaus sind die komplexen meteorologischen und ozeanografischen Einflüsse auf die dynamischen Belastungen von Rotorblättern, Triebstrang und Tragstruktur zu ergründen. Beiträge zur Steigerung der Wirtschaftlichkeit werden durch anlagenspezifische Zustandserfassungssysteme, Auto-Diagnoseverfahren, optimierte Instandhaltungsstrategien und Logistikstrukturen sowie Fernüberwachung und neue Kommunikationstechnologien erwartet.

- **Netzintegration**
Die zunehmende Netzeinspeisung aus Windenergie hat wachsenden Einfluss auf die Auslastung der Netze, die Fahrweise konventioneller Kraftwerke, die notwendige Regel- und Reserveleistung und somit auf die Wirtschaftlichkeit des deutschen Versorgungsnetzes. Vordringliche Forschungsaufgaben werden erhöhte technische Anforderungen an die Stromnetze, der flexiblere Einsatz konventioneller Kraftwerke, die Erhöhung des Regelleistungsbedarfs und der Transportkapazitäten mit Teil- und Verbundnetzuntersuchungen bis hin zu Eingriffs- und Regelmöglichkeiten von Windkraftanlagen zur Netzstützung und Netzregelung sein.

NUTZUNG DER WINDENERGIE

- **Sozioökonomische Aspekte**

Für eine ganzheitliche Betrachtung sind sozial- und verhaltenswissenschaftliche Aspekte einer von enormem Wachstum geprägten Windenergienutzung von großer Bedeutung. Dazu stellt die öffentliche Akzeptanz einen wichtigen Faktor für den Erfolg dieser Technologie dar. Kernthemen der Forschung werden ausgerichtet sein auf Einflussfaktoren und zu entwickelnde Messverfahren zur Akzeptanzfindung, Akzeptanzprofile, Strategien zur Akzeptanzgewinnung und Empfehlungen, um bereits im Vorfeld von Planungsverfahren und Bauvorhaben auftretenden Konflikten entgegenzuwirken.

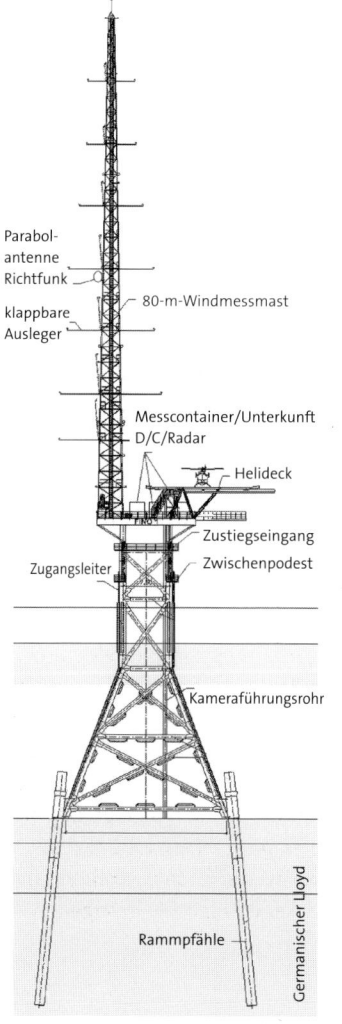

- **Ökologische Begleitforschung**

Windparks in Nord- und Ostsee eröffnen eine zukunftssichere und klimafreundliche Energieversorgung in Deutschland. Bei einer Offshore-Nutzung kommt der ökologischen Begleitforschung (Abb. 83, 84) besondere Bedeutung zu. Eine finanzielle Basis dafür soll die „Stiftung Offshore Windenergie – Stiftung der deutschen Wirtschaft" sein, die eine verbesserte Nutzung und Erforschung der Windenergie auf See anstrebt. Beteiligt sind die Windkraftanlagenhersteller Enercon, Multibrid und REpower, Netzbetreiber und Energieversorger E.ON, RWE und Vattenfall, Unternehmen der maritimen Wirtschaft, Verbände der Windenergiebranche, Banken, Versicherungen und Bauunternehmen [158].

14.2 Neuentwicklungen und Großanlagen

Durch die Offshore-Forschungsplattformen FINO 1 (Abb. 83, 84), 2 und 3 (NEPTUN) und die ökologische Begleitforschung werden wichtige grundlagenorientierte Fragestellungen geklärt. Der Betrieb am oder bereits im Meer von Prototypen der 5-MW-Klasse sowie die Vorbereitung eines Offshore-Testfeldes werden darüber hinaus grundlegende und neue Erkenntnisse auf dem Weg zur großtechnischen Windenergienutzung auf dem Meer liefern.

Abb. 83: Planzeichnung der ersten Forschungsplattform FINO 1 für ein Gebiet nördlich von Borkum

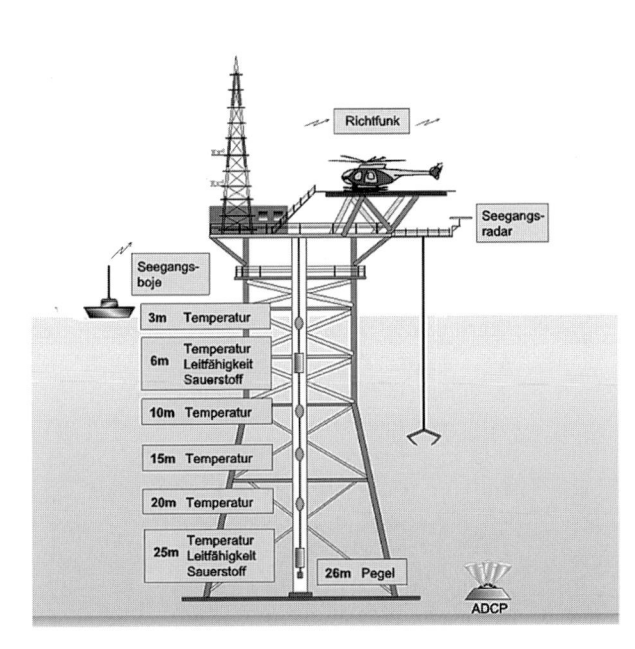

Abb. 84: Aufbau der ozeanografischen Messeinrichtungen auf der FINO 1

- **Großanlagen**

Bereits Ende 2002 wurde die erste E112-Anlage von Enercon mit 112,8 m Turbinendurchmesser, 4,5 MW Nennleistung und 123,5 m Turmhöhe aufgebaut und in Egeln nahe Magdeburg – also im Binnenland – in Betrieb genommen. Eine Anlage bei Wilhelmshaven sowie fünf weitere bei Emden folgten an der Küste bzw. wenige Meter im Meer. Bei diesen erfolgte bereits der Testbetrieb und die Umstellung auf 6 MW. Cuxhaven und Magdeburg sind weitere Standorte dieses Anlagentyps. Besonderes Merkmal dieser getriebelosen Einheiten, mit direkt von der Turbine angetriebenem Synchron-Generator mit elektrischer Erregung und Netzkopplung über Umrichter, ist das „eiförmig" ausgeführte Maschinenhaus in selbsttragender Konstruktion mit ca. 12 m Durchmesser (Abb. 85). Der gesamte Maschinenkopf hat eine Masse von ca. 530 Tonnen. Eine weitere Leistungssteigerung mit einer Vergrößerung des Rotordurchmessers auf 126 m sowie neuartiger Rotorblatt- und Nabenkonstruktion (analog Abb. 52 a, b bzw. 53 a) wird 2007 erfolgen.

Abb. 85: Enercon Windkraftanlage 6 MW Nennleistung, 126 m Rotordurchmesser und 136 m Nabenhöhe

Anfang 2005 ging die größte Turbine REpower 5M (Abb. 86) in Betrieb. Mit einem Turbinendurchmesser von 126,5 m und 5 MW Nennleistung weist sie ein Kopfgewicht von ca. 350 Tonnen auf. Im Gegensatz zur E112 treibt die Turbine den doppeltgespeisten Asynchrongenerator über ein dreistufiges Getriebe an. Dadurch wird die Baugröße des Generators einschließlich Getriebe erheblich kleiner als bei getriebelosen Systemen. Somit kann der gesamte Maschinenkopf wesentlich kompakter ausgeführt werden. Der Stator des doppeltgespeisten Asynchron-Generators wird direkt an das Netz gekoppelt. Der Läufer speist oder bezieht hingegen maximal 40 % der Nennleistung über ein Umrichtersystem. Dies kann somit für wesentlich niedrigere Übertragungsleistung ausgelegt werden als die Vollumrichter für Synchrongeneratoren und Asynchrongeneratoren mit Kurzschlussläufern. Allerdings sind die Mess-, Regelungs- und Transformationsverfahren zur Führung doppeltgespeister Asynchrongeneratoren erheblich aufwendiger als bei Vollumrichtersystemen, die bei den anderen Großanlagen zum Einsatz kommen.

Abb. 86: REpower-5M-Windkraftanlage, 5 MW Nennleistung, 126,5 m Rotordurchmesser

Im Frühjahr 2005 startete die Multibrid M5000 (Abb. 87) ihren Betrieb. Die 5-MW-Turbine hat 116 m Rotordurchmesser. Sie treibt mithilfe eines einstufigen Planetengetriebes, in das die Turbinennabe integriert ist, einen permanentmagneterregten Synchrongenerator mit etwa 10-facher Übersetzung an. Dieser weist aufgrund des innovativen Ansatzes eine sehr kompakte Bauweise mit ca. 3 m Durchmesser auf. Dadurch konnte das gesamte Kopfgewicht inklusive der Rotorblätter der Anlage auf etwa 300 Tonnen reduziert werden. Die Kopplung zum Netz erfolgt über ein Umrichtersystem, das dem Netz die gesamte Energie zuführt.

Abb. 87: Multibrid-M5000-Windkraftanlage, 5 MW Nennleistung, 116 m Rotordurchmesser

Die Größe und Leistungsfähigkeit dieser 5-MW-Anlagen lässt – im Gegensatz zu den bisher üblichen 2-MW-Turbinen – durchaus einen wirtschaftlich sinnvollen Offshore-Einsatz erwarten. Eine Erprobung dieser Systeme muss jedoch an Land erfolgen. Nur technisch voll ausgereifte Einheiten lassen sich unter den erheblich erschwerten Wartungs-, Instandhaltungs- und Reparaturbedingungen im Meer installieren. Bei Bewährung der Anlagen auf See werden diese wiederum auch an Land neue Einsatzbereiche und damit gegebene Absatzmöglichkeiten erschließen. Für ihren großtechnischen Onshore-Einsatz müssen diese Anlagen also noch eine Erprobungsphase und – für einen möglichen Offshore-Einsatz in dem von Natur aus sehr aggressiven Umfeld – technische Weiterentwicklungen, insbesondere hinsichtlich geringerer Wartungsintervalle, durchlaufen.

Um die enorm hohen Investitionen in Offshore-Windparks rentabel zu gestalten, müssen für diese Anlagen noch gewaltige Anstrengungen unternommen werden, um die Technologien weiter zu entwickeln. Schwerpunkte bilden die Gründung bei Wassertiefen über 20 m – das heißt Baugrunduntersuchungen und Fundamentierung mit statischer sowie dynamischer Belastungsaufnahme – Stromtransport unter Berücksichtigung von Umweltaspekten, Regelung einzelner Anlagen und ganzer Windfelder sowie Wartungs- und Instandhaltungskonzepte etc.

15 Zitierte Literatur und Abbildungsverzeichnis

15.1 Zitierte Literatur

[1] Heier, S.: Windkraftanlagen. Systemauslegung, Netzintegration und Regelung. Stuttgart : Teubner, 2005. X, 450 S., 4., überarb. u. aktualisierte Aufl., ISBN 3-519-36171-X

[2] Ender, C.: Windenergienutzung in Deutschland – Stand 30.06.2006.
In: DEWI Magazin (2006), Nr. 29, S. 27 – 36

[3] Windenergie in den Bundesländern: Anlagenzahl und Leistung. In: Erneuerbare Energien. Jg. 16 (2006), H. 2, S. 19

[4] Neij, L.; Helby, P.; Dannemand Andersen, P. u. a.: Experience Curves: A Tool for Energy Policy Assessment. Lund University. Inst. of Tech. Division of Environmental and Energy Systems Studies, Lund (Sweden) (Hrsg.). 2003. 146 S., ISBN 91-88360-56-6

[5] Bundesverband Erneuerbarer Energien e. V. (BEE), Paderborn

[6] Sunbeam GmbH, Berlin (Hrsg.): Die Windindustrie in Deutschland. Daten, Potenziale, Unternehmen. 2006. 95 S. http://www.deutsche-windindustrie.de

[7] World Wind Energy Association e. V. (WWEA), Bonn (Hrsg.): Wind Energy International 2005 / 2006. 2005. 350 S., ISBN 81-7525-641-9

[8] Global Wind Energy Council (GWEC), Brussels (Belgium) (Hrsg.): What nature delivers to us is never stale. Because what nature creates has eternity in it. Juni 2006. 13 S.
http://www.gwec.net/fileadmin/documents/Publications/GWEC_brochure_2006.pdf

[9] European Wind Energy Association (EWEA), Brussels (Belgium) (Hrsg.): The European Wind Industry. Strategic Plan for Research & Development. First Report: Creating the knowledge foundation for a clean energy era. Jan. 2004. 29 S. http://www.ewea.org/fileadmin/ewea_documents/documents/publications/reports/R_D_first_report_jan04.pdf

[10] Rashkin; S. D.; Goetze van Steyn, P.: Results from the Wind Project Performance Reporting System. 1985 Annual Report. California Energy Commission, Sacramento, CA (USA) (Hrsg.). Aug. 1986.
http://www.energy.ca.gov/

[11] Yen-Nakafuji, D.: California Wind Resources. Draft Staff Paper. California Energy Commission, Sacramento, CA (USA) (Hrsg.). April 2005. 31 S., CEC-500-2005- 071-D
http://www.energy.ca.gov/2005publications/CEC-500-2005-071/CEC-500-2005-071-D.PDF

[12] American Wind Energy Association, Washington, DC (USA) (Hrsg.): Wind Energy Project Database: Hawaii. Update Sept. 2006. http://www.awea.org/projects/hawaii.html

[13] State of Hawaii. Department of Business, Economic Development & Tourism, Honolulu (USA) (Hrsg.): Wind Energy Fact Sheet. Juni 2005. 6 S.
http://www.hawaii.gov/dbedt/info/energy/publications/windnews05.pdf

[14] American Wind Energy Association, Washington, DC (USA) (Hrsg.): Wind Energy Project Database: Alaska. Update Sept. 2006. www.awea.org/projects/alaska.html

[15] siehe [14]

[16] Global Wind Energy Council (GWEC), Brussels (Belgium); Greenpeace International, Amsterdam (Netherlands) (Hrsg.): Wind Force 12: A blueprint to achieve 12 % of the world's electricity from wind power by 2020. 2005. S. 23 u. 26

[17] Czisch, G.: Szenarien zur zukünftigen Stromversorgung. Kostenoptimierte Variationen zur Versorgung Europas und seiner Nachbarn mit Strom aus erneuerbaren Energien. Dissertation. Universität Kassel. Fachbereich Elektrotechnik / Informatik. Institut für Elektrische Energietechnik / Rationelle Energiewandlung. 2005. 488 S.

[18] Suzlon Wind Energy Corporation, Mumbai (Indien) (Hrsg.): SUZLON Wind Energy wins $49. 56 million orders in China and South Korea. 6. Dez. 2005. 1 S. Press Release
http://www.renewableenergyaccess.com/rea/market/business/viewstory? id=40167

[19] Lee, M.-C.; Nam, Y-S.: Energiewende in Südkorea? In: TU International. Zeitschrift des Internationalen Alumniprogramms der TU Berlin. Regenerative Energie. (2005), H. 57, S. 26 – 27
http://www.tu-berlin.de/foreign-relations/alumni/tui_57.htm

[20] Eurus Energy Holdings Cooperation, Tokyo (Japan) (Hrsg.): Participation in the Largest Wind Power Generation Project in South Korea. 3. Juni 2005. 3 S. News Releases
http://www.eurus-energy.com/english/news.html

[21] Deutsche Gesellschaft für Technische Zusammenarbeit GmbH (GTZ), Eschborn (Hrsg.): Energiepolitische Rahmenbedingungen für Strommärkte und erneuerbare Energien. 21 Länderanalysen. 2004. 206 S. http://www.gtz.de/de/dokumente/de-windenergie-laenderstudie-2004.pdf

[22] Neidlein, H.-C.: Grüne Energie: Marokko setzt auf Zusammenarbeit mit Europa. Erstveröffentlichung: 15. Febr. 2005. In: Europa – Digital. Europa einfach e.V., Köln (Hrsg.). http://www.europa-digital.de/aktuell/dossier/umwelt/marokko.shtml

[23] Studies into renewable energy. In: Libya. Open for trade and investment again. Insider View. Special Advertising Supplement to the New York Times. 15. Mai 2005. S. 5, http://www.summitreports.com/pdfs/libya.pdf

[24] Oman, G.: Egypt, Wind Farms, Grid Integration. 2004. 38 S. http://www.exportinitiative.de/media/article005796/15%20Oman.pdf

[25] Fritsche, U.; Kristensen, S.: Content Analysis of the International Action Programme of the International Conference for Renewable Energies, renewables 2004. Bonn, 1–4 June 2004. 2005. 29 S. http://www.renewables2004.de/de/2004/outcome_actionprogramme.asp

[26] Davidson, K.: AfriWEA Summary. African wind energy association (WEA), Darling (South Africa). (Hrsg.). [2004]. http://www.afriwea.org/en/summary.htm

[27] New Zealand German Business Association Inc., Auckland (New Zealand) (Hrsg.): Wirtschaftsdelegation im Bereich erneuerbare Energien in Neuseeland 2006. http://www.germantrade.co.nz/german/erneuerbare.htm

[28] Bibliographisches Institut, Mannheim (Hrsg.): Meyers Enzyklopädisches Lexikon. Mannheim : Bibliographisches Institut, 1979 ff, 880 S., 9., völlig neu bearb. Aufl. Bd. 25, ISBN 3-411-01275

[29] Golding, E. W.: The Generation of Electricity by Windpower. With an additional chapter, R. I. Harris. Reprint w. Addition of 1955 ed. London : E. & F. N. Spon Ltd., 1976. XVIII, 332 S., ISBN 0-419-11070-4

[30] Göock, R.: Erfindungen der Menschheit. Wind, Wasser, Sonne, Kohle, Öl. Blaufelden : Sigloch Edition, 1989. 334 S., ISBN 3-89393-205-4

[31] Fröde, W. (Hrsg.): Windmühlen. Hamburg : Ellert & Richter, 1987. 56 S., ISBN 3-89234-024-2

[32] Tacke, F.: Windenergie – Die Herausforderung. Gestern, Heute, Morgen. Frankfurt : VDMA Verl., 2004. 264 S. ISBN 3-8163-0476-1

[33] Molly, J.-P.: Windenergie. Theorie, Anwendung, Messung. Karlsruhe : Müller, 1990. 315 S., 2., völlig überarb. u. erw. Aufl., ISBN 3-7880-7269-5

[34] Betz, A.: Das Maximum der theoretisch möglichen Ausnutzung des Windes durch Windmotoren. In: Zeitschrift für das gesamte Turbinenwesen. In Verbindung mit Wasser und Wärmewirtschaft. Jg. 17 (1920), Sept.

[35] Betz, A.: Windenergie und ihre Ausnutzung durch Windmühlen. Nachdruck d. Ausgabe Göttingen, Vandenhoeck & Ruprecht, 1926. Grebenstein : Öko-Buchverl., 1982. V, 25 S. ISBN 3-922964-11-7

[36] Hau, E.: Windkraftanlagen. Grundlagen, Technik, Einsatz, Wirtschaftlichkeit. Berlin : Springer, 2003. XX, 792 S., 3., vollst. überarb. Aufl., ISBN 3-540-42827-5

[37] European Wind Energy Association (EWEA), Brussels (Belgium) (Hrsg.). Daten: Riso National Laboratory, Roskilde (Denmark)

[38] Durstewitz, M. (Red); Ensslin, C. (Red.); Hahn, B. (Red.) u.a.: Wind Energie Report Deutschland 2006. Jahresauswertung des WMEP. Wind Energy Report Germany 2006. Annual Evaluation of WMEP. Institut für Solare Energieversorgungstechnik (ISET) e.V., Kassel (Hrsg.). 2006. 246 S.

[39] Schatter, W.: Windkonverter. Bauarten, Wirkungsgrade, Auslegung. Braunschweig : Vieweg, 1987. 363 S., ISBN 3-528-03355-X

[40] Gasch, R.; Tweele, J.: Windkraftanlagen. Grundlagen, Entwurf, Planung und Betrieb. Wiesbaden : Teubner, 2005. XXIV, 577 S., 4., überarb. u. erw. Aufl., ISBN 3-519-36334-8

[41] Moretti, P. M.; Divone, L. V.: Moderne Windkraftanlagen. In: Spektrum der Wissenschaft. Jg. 8 (1986), H. 8, S. 60–67

[42] Heier, S.: Windenergiekonverter und mechanische Energiewandler: Anpassung und Regelung. In: Deutsche Gesellschaft für Sonnenenergie (DGS), München (Hrsg.): Energie vom Wind. 4. Tagung der Deutschen Gesellschaft für Sonnenenergie (DGS). Bremen 07.–08. Juni 1977. (1977). S. 187–222

[43] Vereinigung Deutscher Elektrizitätswerke (VDEW) e.V., Frankfurt (Hrsg.): Beurteilung von Netzrückwirkungen. Version 2.0. Frankfurt : VWEW-Verl., [2000]. CD-ROM, Best.-Nr. 598300 [Mit Broschüre „Richtlinien für die Beurteilung von Netzrückwirkungen"]. Überarbeitung der „Grundsätze für die Beurteilung von Netzrückwirkungen" ist in Planung und soll 2007 erscheinen

[44] Vereinigung Deutscher Elektrizitätswerke (VDEW) e.V. Frankfurt (Hrsg.): Technische Anschlussbedingungen für den Anschluss an das Niederspannungsnetz. TAB 2000. Ausgabe Hessen. Frankfurt : VWEW-Verl., 2002. 54 S. ISBN 3-8022-0620-7

[45] Kleinkauf, W; Heier, S.: Regelungskonzept für GROWIAN (Große Windenergieanlage). In: Kernforschungsanlage Jülich GmbH. Projektleitung Energieforschung (Hrsg.): Seminar und Statusreport Windenergie. Jülich, 23.–24. Okt. 1978. [1978]. S. 407–418

[46] Heier, S.: Grid integration of wind energy conversion systems. Chichester (United Kingdom) : Wiley, 2006. 449 S., 2. Ausg., ISBN 0-470-86899-6

[47] Heier, S.; Kleinkauf, W.: Betriebsverhalten von Windenergieanlagen. Schlussbericht. (1984) Bd. 1 u. 2, FKZ 03E4362A., BMFT FB-T 84-154

[48] Leonard, W.: Regelung in der elektrischen Antriebstechnik. Control of electrical drives. (Transl. by the author in cooperation with R. M. Davis and R. S. Bowes). Berlin : Springer, 1985. 346 S., ISBN 3-540-13650-9

[49] Blaschke, F.: Das Verfahren der Feldorientierung zur Regelung der Drehfeldmaschine. Dissertation. Technische Universität Braunschweig. Fakultät für Maschinenbau und Elektrotechnik. 1974. VIII, 251 S.

[50] Arsudis, D.: Doppelgespeister Drehstromgenerator mit Spannungszwischenkreis-Umrichter im Rotorkreis für Windkraftanlagen. Dissertation. Technische Universität Braunschweig. 1989. 170 S.

[51] Germanischer Lloyd Windenergie GmbH, Hamburg (Hrsg.): Richtlinie für die Zertifizierung von Windkraftanlagen. Vorschriften und Richtlinien. IV – Industriedienste. Teil 1 – Windenergie. Ausg. 2003 mit Ergänzungen 2004

[52] Caselitz, P.; Giebhardt, J.; Mevenkamp, M.: On-line Fault Detection and Prediction in Wind Energy Converters. In: European Wind Energy Association (EWEA). Brussels (Belgium) (Hrsg.): EWEC '94: 5th European Wind Energy Association conference and exhibition. Thessaloniki (Greece), 10.–14. Oct. 1994. Conference Proceedings. 1994

[53] Caselitz, E.; Giebhardt, J.; Mevenkamp, M. u. a.: Fehlerfrüherkennung in Windkraftanlagen. Abschlussbericht. Institut für Solare Energieversorgungstechnik (ISET) e. V., Kassel (Hrsg.). 1999. 194 S., FKZ 0329304A

[54] Caselitz, E.; Giebhardt, J.; Mevenkamp, M.: Verwendung von WMEP-Onlinemessungen bei der Entwicklung eines Fehlerfrüherkennungssystems für Windkraftanlagen. In: Institut für Solare Energieversorgungstechnik (ISET) e. V., Kassel (Hrsg.): Wissenschaftliches Meß- und Evaluierungsprogramm (WMEP) zum Breitentest „250 MW Wind". Jahresauswertung 1994. 1995. S. 155–161

[55] Caselitz, E.; Giebhardt, J.; Krüger, T. u. a.: Development of a fault detection system for wind energy converters. In: 1996 European Union Wind Energy Conference EUWEC '96. Goeteborg (Sweden), 20.–24. May 1996. Proceedings. Bedford (United Kingdom) : H. S. Stephens and Associates, 1996. ISBN 0-9521452-9-4, S. 1004–1007

[56] Morbitzer, D.: Simulation und meßtechnische Untersuchungen der Treibstrangdynamik von Windkraftanlagen. Diplomarbeit Universität Gesamthochschule Kassel. 1995 und Osbahr, T.: Untersuchung von Parameterschätzverfahren für die Fehlerfrüherkennung in Windkraftanlagen. Diplomarbeit. Universität Hannover. 1995

[57] Eibach, T.: Untersuchung von Verfahren der Lager- und Getriebeüberwachung für die Fehlerfrüherkennung in Windkraftanlagen. Diplomarbeit. Universität Gesamthochschule Kassel. Fachgebiet Messtechnik, Mechatronik, Optik. Nov. 1995

[58] Adam, H.: Implementierung und Untersuchung Künstlicher Neuronaler Netze zur Fehlerfrüherkennung in Windkraftanlagen. Studienarbeit. Universität Gesamthochschule Kassel. 1995

[59] Hobein, A.: Entwicklung eines Hardware-Moduls zur analogen Leistungsberechnung für ein PC-gestütztes Meßdatenerfassungssystem. Studienarbeit. Universität Gesamthochschule Kassel. 1995

[60] Werner, U.: Entwicklung eines Hardware-Moduls zur Drehzahlmessung für ein PC-gestütztes Meßdatenerfassungssystem. Studienarbeit. Universität Gesamthochschule Kassel. 1995

[61] Heinke, O.: Condition Monitoring Systeme in Windenergieanlagen – Anforderungen und Stand der Technik. Diplomarbeit. Universität Kassel. 2003

[62] Germanischer Lloyd WindEnergie GmbH, Hamburg (Hrsg.): Richtlinie für die Zertifizierung von Condition Monitoring Systemen für Windenergieanlagen. 2003

[63] http://www.windpower.org/de/tour/wres/rose.htm;
http://www.windpower.org/de/tour/wres/park.htm

[64] Ökorenta AG, Hilden (Hrsg.): Beteiligungen -> Glossar -> Parkwirkungsgrad.
http://www.oekorenta.de/f4-cms/tpl/or-root/glossar/display.asp?cp=or-cms/glossar87795/&nr=98

[65] Schulz, D.; Wendt, O.; Hanitsch, R.: Verbessertes Leistungsfaktor-Management für Windparks. In: DEWI-Magazin (2005), Nr. 27, S. 49–58

[66] Arnold, G.: Stützung von Elektrizitätsversorgungsnetzen durch Windenergieanlagen und andere erneuerbare Energien. Berlin : Dissertation.de – Verlag im Internet GmbH, 2004. 154 S., ISBN 3-89825-923-4, Diss. Univ. Kassel. Dissertationen. Bd. 1023. http://www.dissertation.de

[67] Fördergesellschaft Windenergie (FGW) e.V., Kiel (Hrsg.): Technische Richtlinien für Windenergieanlagen. Teil 3 Bestimmung der Elektrischen Eigenschaften. März 2006. 18. Revision

[68] Projektgruppe „Eigenerzeugungsanlagen am Niederspannungsnetz" des VDEW-Arbeitsausschusses „TAB", Frankfurt (Bearb.): Richtlinien für den Anschluss und Parallelbetrieb von Eigenerzeugungsanlagen mit dem Niederspannungsnetz des Elektrizitätsversorgungsunternehmens (EVU). Frankfurt : VWEW-Verl., 2001. 89 S., 4. Ausg., ISBN 3-8022-0646-0

[69] Verband der Netzbetreiber (VDE) e.V. beim VDEW, Frankfurt (Hrsg.): Technische Richtlinie Transformatorenstationen am Mittelspannungsnetz. Frankfurt : VWEW-Verl., 2003. 64 S., 1. Aufl.

[70] Heier, S.: Windkraftanlagen im Netzbetrieb. In: Deutsches Windenergie-Institut (DEWI) GmbH, Wilhelmshaven (Hrsg.): Deutsche Windenergie-Konferenz DEWEK, 92. Wilhelmshaven, 28.–29. Okt. 1992. Tagungsband. 1993. S. 141–145

[71] Heier, S.: Grid Influence by Wind Energy Converts. In: International Energy Agency (IEA), Brussels (Belgium) (Hrsg.): Expert meeting Goeteborg (Sweden), Oct. 1991. S. 37–50

[72] Heier, S.: Netzintegration von Windkraftanlagen. In: Fördergesellschaft Windenergie (FGW), Brunsbüttel (Hrsg.): Workshop „Netzanbindung von Windkraftanlagen". Hannover, 23. Febr. 1993

[73] Heier, S.: Technical aspects of wind energy converters and grid connection. In: British Wind Energy Association, London (United Kingdom) (Hrsg.); Rutherford Appleton Laboratory, Chilton (United Kingdom) (Hrsg.): Workshop on wind energy penetration into weak electricity networks. Abingdon (United Kindom), 10.–12. June 1993. 1993. S. 38–55

[74] E.ON Netz GmbH, Bayreuth (Hrsg.): Netzanschlussregeln für Hoch- und Höchstspannung. April 2005. 50 S.

[75] Heier, S.: Netzeinwirkungen durch Windkraftanlagen und Maßnahmen zur Verminderung. In: Husum Messe, Büro Hannover (Hrsg.): Husumer Windenergietage. Husum, 22.–26. Sept. 1993. Tagungsband. 1993. S. 157–168

[76] Dangrieß, G.; Heier, S.; König, V. u. a.: Konzeptionen zur Ausnutzung der Netzkapazität. In: Deutsches Windenergie-Institut (DEWI) GmbH, Wilhelmshaven (Hrsg.): 2. Deutsche Windenergie-Konferenz DEWEK '94. Wilhelmshaven, 22.–24. Juni 1994. Tagungsband. 1994. S. 163–170

[77] Arnold, G.; Heier, S.: Netzregelung mit regenerativen Energieversorgungssystemen. In: Institut für Solare Energieversorgungstechnik (ISET) e.V., Kassel (Hrsg.): 4. Kasseler Symposium „Energie-Systemtechnik" 99. Kassel, 4.–5. Nov. 1999. Tagungsband. 2000

[78] Heier, S.; Arnold, G.; Durstewitz, M. u. a.: Grid Control with Renewable Energy Sources. European Wind Energy Association (EWEA) Special Topic Conference: Wind Power for the 21st Century – The Challenge of High Wind Power Penetration for the New Energy Markets – International Conference. Kassel, 25.–27. September 2000

[79] Arnold, G.; Heier, S.: Grid Control with Wind Energy Converters. In: Royal Institute of Technology, Stockholm (Sweden) (Hrsg.): Second International Workshop on Transmission Networks for Offshore Wind Farms. Stockholm (Sweden), 29.–31. March 2001. Proceedings. 2001. S. 5.3.1.–5.3.4

[80] Arnold, G.; Heier, S.; Perez-Spiess, F. u. a.: Grid Control with Renewable Energy Sources – Results to the Field Tests. In: European Wind Energy Association (EWEA), Brussels (Belgium) (Hrsg.): European Wind Energy Conference, 02.–06 July 2001, Copenhagen (Denmark). 2001

[81] Arnold, G.; Heier, S.; Perez-Spiess, F. u. a.: Grid Control with Renewable Energy Sources. In: World Wind Energy Association (WWEA), Bonn (Hrsg.): A Global Stategy for Wind Energy. 1st World Wind Energy Conference and Exhibition. Berlin, 02.–06. July 2002. 2002

[82] Cramer, G.; Durstewitz, M.; Heier, S. u. a.: 1,2 MW-Stromrichter am schwachen Netz. Filterauslegung zur Reduzierung von Stromoberschwingungen. In: SMA-Regelsysteme GmbH, Niestetal (Hrsg.): SMA-Info. April (1993), H. 10, S. 10–11

[83] Durstewitz, M; Heier, S.; Reinmöller-Kringe, M.: Netzspezifische Filterauslegung. In: Institut für Solare Energieversorgungstechnik (ISET), Kassel (Hrsg.): Kasseler Symposium Energie-Systemtechnik: Erneuerbare Energien und rationale Energieverwendung. Kassel, 01.–02.Okt. 1998. Tagungsband. 1999. S. 118–129

[84] Heier, S.: Grid Influences by Wind Energy Converters and Reduction measures. In: American Wind Energy Association (AWEA), Washington DC (USA) (Hrsg.): 24th Annual Conference and Exhibition. Minneapolis (USA), 09.–13. Mai 1994. 1994

[85] Heier, S.; Bunzenthal, K.; Durstewitz, M. u. a.: Messtechnische Untersuchungen am Windpark Westküste. Untersuchungen der elektrischen Komponenten von Windenergieanlagen und ihrer Integration in schwache Netze. Abschlussbericht. Universität Kassel. Institut für Elektrische Energietechnik (Hrsg.). April 1992. 125 S., FKZ 0328735C

[86] Durstewitz, M.; Heier, S.; Hoppe-Kilpper, M. u. a.: Messtechnische Untersuchung am Windpark Westküste. Untersuchung der elektrischen Komponenten von Windkraftanlagen und ihrer Integration in schwache Netze. In: Forschungszentrum Jülich GmbH. Projektträger Biologie, Energie, Ökologie (BEO) (Hrsg.): Statusreport 1990. Windenergie. Hannover, 04.–05. Okt. 1990. Heide: Westholsteinische Verlagsanst., 1990. S. 347–352

[87] Arnold, G.; Heier, S.; Valov, B.: Spannungsänderungen und Stabilisierungsmöglichkeiten in Versorgungsnetzen mit erneuerbaren Energieanlagen, 48th International Scientific Colloquium. Technical University of Ilmenau, 22.–25. Sept. 2003

[88] Arnold, G.; Heier, S.; Valov, B.: Spannungsregelung in dezentralen Multisupply-Strukturen. In: Verband der Elektrotechnik Elektronik Informationstechnik e. V. (VDE), Offenbach (Hrsg.): VDE-Kongress 2004. Berlin, 18.–20. Okt. 2004. Berlin : VDE Verl., 2004. Bd. 1, S. 599–603

[89] Durstewitz, M.; Enßlin, C.; Heier, S. u. a.: Wind Farms in the German „250 MW Wind" Program. In: European Wind Energy Association, Brussels (Belgium) (Hrsg.). Special Topic Conference 1992. Herning (Denmark), 08.–11. Sept. 1992. 1992. S. B4-1-B.4-7

[90] Rohrig, K.: Onlineerfassung und Prognose der Windeinspeisung für Versorgungsgebiete. In: Bundesverband WindEnergie (BWE) e. V., Osnabrück (Hrsg.): Tagungsband zum BWE-Wind Kongress. Hannover, 20.–21. März 2000. 2000

[91] Kleinkauf, W.; Hoppe-Kilpper, M.; Durstewitz, M. u. a.: Leistungsbeitrag der Windenergie in Deutschland. Ergebnisse der Wind- und Leistungsmessung im „250 MW Wind-Programm" des BMBF. In: Haubrich, H. J. (Bearb.): ETG-Tage 97, PES-Summer Meeting. Berlin, 20.–24. Juli 1997. Berlin : VDE Verl., 1997. ISBN 3-8007-2283-6

[92] Beyer, H. G.; Heinemann, D.; Mellinghoff, H. u. a.: Vorhersage der regionalen Leistungsabgabe von Windkraftanlagen. In: Deutsches Windenergie-Institut (DEWI) GmbH, Wilhelmshaven (Hrsg.): DEWEK 98. 4. Deutsche Windenergie-Konferenz. Wilhelmshaven, 21.–22. Okt. 1998. Tagungsband. 1999. S. 57–60

[93] Rohrig, K.: Rechenmodelle und Informationssysteme zur Integration großer Windleistungen in die elektrische Energieversorgung. Dissertation. Universität Kassel. 2004. 133 S.

[94] Ernst, B.: Entwicklung eines Windleistungsprognosemodells zur Verbesserung der Kraftwerkseinsatzplanung. Dissertation. Universität Kassel. 2003. 111 S.

[95] Diedrichs, V.: Möglichkeiten der Erhöhung der Anschlußleistung durch Lastflußmanagement. In: Husum Wind 99: Fachmesse und Fachkongress zur Windenergie. Husum, 22.–26. Sept. 1999

[96] Diedrichs, V.: Energieversorgung mit dezentralen Kleinkraftwerken in leistungsbegrenzten Versorgungsnetzen. Informationen aus dem Forschungsschwerpunkt. Fachhochschule Oldenburg. Standort Wilhelmshaven. Okt. 1999

[97] Haas, O.; Heier, S.; Kleinkauf, W. u. a.: Zukunftsaspekte regenerativer Energien und die Rolle der Photovoltaik. Fortschrittliche Energiewandlung und -anwendung. In: Verein Deutscher Ingenieure (VDI) – Gesellschaft Energietechnik (GET), Düsseldorf (Hrsg.): Schwerpunkt: Dezentrale Energiesysteme. Tagung. Bochum, 13.–14. März 2001. 2001. ISBN 3-18-091594-3, S. 3–16. VDI-Berichte. Bd. 1594

[98] Arnold, G.; Heier, S.; Saiju, R.: Voltage Dips Compensation by Wind Farm(s) Equipped with Power Converters as Decoupling Element. 11th European Conference on Power Electronics and Applications. Dresden, 11.–14. Sept. 2005. 2005. 9 S.

[99] Heier, S.; Kleinkauf, W.; Sachau, J.: Wind Energy Converters at Weak Grids. In: Commission of the European Communities, Luxembourg (Luxembourg) (Hrsg.): European Community Wind Energy Conference. Herning (Denmark), June 1988. 1988. S. 429–433

[100] Cramer, G.: Modulare autonome elektrische Energieversorgungssysteme werden zunehmend interessanter. In: SMA-Regelsysteme GmbH, Niestetal (Hrsg.): SMA-Info. Jg. 111 (1990), H. 4, S. 1–6

[101] Burger, B.; Cramer, G.: Modularer Batteriewechselrichter für den Einsatz in Hybridsystemen. In: Institut für Solare Energieversorgungstechnik (ISET) e. V., Kassel (Hrsg.): Kasseler Symposium Energie-Systemtechnik 99. Kassel, 04.–05. Nov. 1999. 1999. S. 91–106

[102] Rohrig, K.; Ernst, B.; Hoppe-Kilpper, M. u. a.: New Concepts to Integrate German Offshore Wind Potential into Electrical Energy Supply. European Wind energy Conference (EWEA), London, 22.–24. Nov. 2004

[103] Rohrig, K.; Hoppe-Kilpper, M.; Ernst, B. u. a.: Tools and Concepts to Integrate German Offshore Wind Potential into Electrical Energy Supply. In: Deutsches Windenergie-Institut (DEWI) GmbH, Wilhelmshaven (Hrsg.): DEWEK 2004. The International Technical Conference. 7th German Wind Energy Conference. Wilhelmshaven, 20.–21. Oct. 2004. Proceedings. 2004. CD-ROM

[104] Rohrig, K.; Schlögl, F.; Jursa, R. u. a.: Advanced Control Strategies to Integrate German Offshore Wind Potential into Electrical Energy Supply. In: Fifth International Workshop on Large-Scale Integration of Wind Power and Transmission Networks for Offshore Wind Farms. Glasgow (Scotland), 07.–08. April 2005. 2005

[105] Schütte, T.; Ström, M.; Gustavsson, B.: The Use of Low Frequency AC for Offshore Wind Power. In: Royal Institute of Technology, Stockholm (Sweden) (Hrsg.): Second International Workshop on Transmission Networks for Offshore Wind Farms. Stockholm (Sweden), 29.–31. March 2001. Proceedings. 2001

[106] Schütte, T.; Ström, M.; Gustavsson, B.: Erzeugung und Übertragung von Windenergie mittels Sonderfrequenz. In: Elektrische Bahnen. Jg. 99 (2001), H. 11

[107] Deutsche Energie-Agentur GmbH (dena), Berlin (Hrsg.): dena-Netzstudie. Energiewirtschaftliche Planung für die Netzintegration von Windenergie in Deutschland an Land und Offshore bis zum Jahr 2020. 2005. 540 S. http://www.dena.de

[108] Ensslin, C.: The Influence of Modelling Accuracy on the Determination of Wind Power Capacity Effects and Balancing Needs. Kassel : Kassel University Press, 2007. 116 S.
ISBN 978-3-89958-248-2, zugl. Dissertation Univ. Kassel 2006

[109] Auer H.; Huber, C.; Resch, G. u. a.: Action plan for an enhanced least cost integration of RES-E into the European grid. Febr. 2005. WP10-report

[110] Dany, G.; Haubrich H. J.: Anforderungen an die Kraftwerksreserve bei hoher Windenergieeinspeisung. In: Energiewirtschaftliche Tagesfragen. (2000), H. 12, S. 890–894

[111] Milborrow D.: The real cost of integration wind. In: Windpower Monthly. (2004), Febr., S. 35–39

[112] Pantaleo, A.; Pellerano, A.; Trovato, M.: Technical issues on wind energy integration in power systems: Projections in Italy. In: European Wind Energy Association (EWEA), Brussels (Belgium) (Hrsg.): Proceedings. 2003 European Wind Energy Conference. Madrid (Spain), 16.–19. June 2003. 2003

[113] SMA Technologie AG, Niestetal (Hrsg.): Sunny Family 2006 / 2007. Systemtechnik für die Photovoltaik. 2006. 10 S.

[114] SMA Technologie AG, Niestetal (Hrsg.): Off-Grid Power Supply AC Power Supply Products for Rural Electrification. 2005

[115] SMA Technologie AG, Niestetal (Hrsg.): Energieversorgung netzferner Gebiete – flexibel und beliebig erweiterbar. 2005. DVD

[116] Mortensen, N. G.; Landberg, L.; Troen, I. u. a.: Wind Atlas Analysis and Application Programme (WAsP). Riso National Laboratory, Roskilde (Denmark) (Hrsg.). 1993

[117] Troen, I.; Petersen, E. L.: European Wind Atlas. Riso National Laboratory, Roskilde (Denmark) (Hrsg.). 1989. 656 S. + CD-ROM

[118] Maslaton, M.; Zschiegner, A.: Grundlagen des Rechts der erneuerbaren Energien. Biomasse, Photovoltaik, Wasserkraft, Windkraft. Leipzig : Verl. für alternatives Energierecht, 2005. 160 S., ISBN 3-9809815-4-1

[119] Baugesetzbuch (BauGB). Vom 23. Juni 1960 (BGBl. I S. 341); Neubekanntmachung vom 23. Sept. 2004 (BGBl. I S. 2414); Änderung vom 05. Sept. 2006 (BGBl. I S. 2098–2099)

[120] Raumordnungsgesetz (ROG). Vom 18. Aug. 1997 (BGBl. I S. 2081, 2102); Änderung vom 25. Juni 2005 (BGBl. I S. 1746)

[121] Baunutzungsverordnung (BauNVO). Vom 23. Jan. 1990 (BGBl. I S. 133); Änderung vom 22. April 1993 (BGBl. I S. 466)

[122] Schutzbereichsgesetz (SchBG). Vom 07. Dez. 1956 (BGBl. I S. 899); Änderung vom 12. Aug. 2005 (BGBl. I S. 2354)

[123] Bundesnaturschutzgesetz (BNatSchG). Vom 25. März 2002 (BGBl. I S. 1193); Änderung vom 21. Juni 2005 (BGBl. I S.1818)

[124] Bundesimmissionsschutzgesetz (BImSchG). Vom 15. März 1974 (BGBl. I S. 721, 1193); Neubekanntmachung vom 26. Sept. 2002 (BGBl. I S. 3830; Änderung vom 31. Okt. 2006 (BGBl. I S. 2407); (Änderung vom 09. Dez. 2006 (BGBl. I S. 2819 (Nr. 58)) noch nicht berücksichtigt)

[125] Bundesfernstraßengesetz (FStrG oder BFStrG). Vom 06. Aug. 1953 (BGBl. I S. 903); Neubekanntmachung vom 20. Febr. 2003 (BGBl. I S. 286); Änderung vom 22. April 2005 (BGBl. I S. 1128, 1137)

[126] Luftverkehrsgesetz (LuftVG). Vom 01. Aug. 1922 (RGBl. I S. 681); Neufassung vom 27. März 1999 (BGBl. I S. 550); Änderung vom 24. Mai 2006 (BGBl. I S. 1223)

[127] Bundeswasserstraßengesetz (WaStrG). Vom 02. April 1968 (BGBl. I S. 173); Neufassung vom 04. Nov. 1998 (BGBl. I S. 3294); Änderung vom 25. Mai. 2005 (BGBl. I S. 1537); (Änderung vom 19. Sept. 2006 (BGBl. I S. 2146) noch nicht berücksichtigt)

[128] Deutsches Institut für Bautechnik (DIBt), Berlin (Hrsg.): Richtlinie für Windkraftanlagen. Einwirkungen und Standsicherheitsnachweise für Turm und Gründung. 1995. 2., überarb. Aufl.

[129] Germanischer Lloyd, Hamburg (Hrsg.): Guideline for the Certification of Offshore Wind Turbines. 2005. Industrial Services. Part 2 – Offshore Wind Energy

[130] Danner, W. (Hrsg.): Energierecht. Energiewirtschaftsgesetz mit Verordnungen, EU-Richtlinien, Gesetzesmaterialien, Gesetze und Verordnungen zu Energieeinsparung und Umweltschutz sowie andere energiewirtschaftlich relevante Rechtsregelungen. München : Beck, Aug. 2006. ca. 5630 S. Loseblattausgabe, 53. Aufl., ISBN 3-406-36464-0

[131] Beurteilung von Arbeitslärm in der Nachbarschaft. VDI-Richtlinie 2058 Blatt 1. Sept. 1985. Ersatzlos zurückgezogen im März 1999 – der VDI empfiehlt die Anwendung von TA Lärm vom 26. Aug. 1998 (siehe [132])

[132] TA Lärm. Vom 26. Aug. 1998 (GMBl. Nr. 26 vom 28. Aug. 1998, S. 503)

[133] Themenseite Repowering: http://www.wind-energie.de/index.php?id=417

[134] Hintergrund-Papier: http://www.wind-energie.de/fileadmin/dokumente/ Hintergrundpapiere/Wirtschaft_und_Strompreise/HG_Repowering.pdf

[135] Repowering-Studie: http://www.wind-energie.de/de/themen/repowering/bwe-studie/

[136] Maslaton, M.; Kupke, D.: Rechtliche Rahmenbedingungen des Repowerings von Windenergieanlagen. Leipzig : Verl. für alternatives Energierecht, 2005. 80 S., ISBN 3-9809815-3-3

[137] Dröschel, B. (Red.): Erneuerbare Energien rechnen sich. Technologien, Finanzierungs- und Beteiligungsmodelle für „grünen" Strom. Institut für Zukunfts EnergieSysteme (IZES) gGmbH, Saarbrücken (Hrsg.). Mai 2006, 12 S. Download unter: http://www.izes.de/cm/cms/upload/pdf/brosch_ee_rechnen_sich506.pdf

[138] Der Berater-Lotse: Beteiligungsmodelle, elektronische Quellen (php) vom 06. Aug. 2006. Download unter: http://www.berater-lotse.de/verbraucheer/infothek/geldanlage-und-boerse/ anlageformen/beteiligungsmodelle.php

[139] Nathan: Alternative Energiefonds Windenergie Solarenergie Wasserkraft, elektronische Quellen (html) Stand: 06. Aug. 2006. Download unter: http://72.14.221.104/search?q=cache:DjAgWHdo7BcJ:www. nathan.de/alterntive-energie.html+vorteil+beteiligung+windenergie&hl=de&gl=de&ct=clnk&cd=6,

[140] ABO Wind AG, Wiesbaden (Hrsg.): Bürgerwindpark Wennersdorf: Beteiligungsangebot. 2003. 39 S. Stand: 06. Aug. 2006. Download unter: http://www.abo-wind.com/de/pdf/windpark-wennersdorf.pdf

[141] BTM Consult ApS, Ringkobing (Denmark) (Hrsg.): International Wind Energy Development. World Market Update 2005. Status by end of 2005 and Forecast 2006 – 2010. März 2006. ca. 90 S.

[142] Fachinformationszentrum (FIZ) Karlsruhe, Eggenstein-Leopoldshafen. BINE Informationsdienst, Bonn (Hrsg.): Förderkompass Energie. Eine BINE Datenbank. Förderprogramme für Energie sparende Maßnahmen und erneuerbare Energien. 2006. CD-ROM. www.bine.info

[143] Oberweis, M.: Erneuerbare Energien im Verbund mit Hochleistungs-Bleiakkumulatoren zur Bereitstellung von Spitzenleistung – am Beispiel von Windkraftwerken in 20 kV Versorgungsnetz der CEGEDEL / Luxemburg. Dissertation. Universität Kassel. 2005. 111 S.

[144] Europäische Kommission. Generaldirektion Forschung. Referat Information und Kommunikation, Brüssel (Belgien) (Hrsg.): Die versteckten Kosten der Energie. In: FTE info. Magazin für die europäische Forschung. (2002), H. 35, Okt., S. 16 – 19

[145] Landesinstitut für Schule / Qualitätsagentur (LfS / QA), Soest (Hrsg.): learn:line Agenda 21 Treffpunkt. Mit Vollgas ins Treibhaus. Energiebedingte CO_2-Emissionen weltweit. Stand: 18. Nov. 2005. http://www.learn-line.nrw.de/angebote/agenda21/archiv/05/daten/g0236-treibhausgase-welt.htm

[146] Bundesverband Windenergie (BWE) e. V., Osnabrück (Hrsg.): Klimafolgen und Klimaschutz – Rettungsanker erneuerbare Energien. http://www.wind-energie.de/index.php?id=128

[147] Alcamo J.: Globale Energiesituation und Umweltfolgen. Vorlesung / Seminar SS 2005. Masters-Studiengang „Regenerative Energie und rationale Energienutzung" an der Universität Kassel. Wissenschaftliches Zentrum für Umweltsystemforschung. Stand: März 2005

[148] Das Grüne Emissionshaus GmbH, Freiburg (Hrsg.): Berechnung der Ökobilanz für eine Windenergieanlage. Datengrundlage: Enercon E-66 / 1,8 MW. Stand: 2006. http://www.das-gruene-emissionshaus.de/content/wissen/pdf_doc/Energetische_Amortisation_JW.pdf

[149] Hamburger Bildungsserver (HBS), Hamburg (Hrsg.): Fakten zur Windenergie. Stand: 05. März 2004. http://hamburger-bildungsserver.de/welcome.phtml?unten=/klima/energie/wind/windfakt-121.html

[150] Umweltfinanz GmbH – Wertpapierhandelshaus, Berlin (Hrsg.): Flächenbedarf. http://www.umweltfondsvergleich.de/lexikon/flaechenbedarf.php

[151] Bundesverband WindEnergie (BWE) e.V., Osnabrück (Hrsg.): Vogeltod durch WEA vergleichsweise selten. http://www.wind-energie.de/de/themen/mensch-umwelt/vogelschutz/vogeltod-durch-wea-vergleichsweise-selten/

[152] Hötker, H.; Thomsen, K.-M.; Köster, H.: Auswirkungen regenerativer Energiegewinnung auf die biologische Vielfalt am Beispiel der Vögel und Fledermäuse – Fakten, Wissenslücken, Anforderungen an die Forschung, ornithologische Kriterien zum Ausbau von regenerativen Energiegewinnungsformen. Endbericht. Naturschutzbund Deutschland (NABU) e.V., Bonn (Hrsg.). Dez. 2004. 80 S., FKZ Z1.3-684 11-5/03

[153] Bundesverband WindEnergie (BEW) e.V., Osnabrück (Hrsg.): Recycling. http://www.wind-energie.de/index.php?id=253

[154] Wagner H.-J.: Ganzheitliche Energiebilanzen von Windkraftanlagen: Wie sauber sind die weißen Riesen? In: Ruhr-Universität Bochum. Fakultät für Maschinenbau. Maschinenbauinformatik (Hrsg.): maschinenbau-RUBIN. (2004), Sonderheft, 11 S. http://www.ruhr-uni-bochum.de/rubin/maschinenbau/pdf/beitrag1.pdf

[155] Quaschning, V.: Energieaufwand zur Herstellung regenerativer Anlagen. Homepage Prof. Dr.-Ing. habil. Volker Quaschning. Nov. 2002. http://www.volker-quaschning.de/datserv/kev/index.html

[156] Quaschning, V.: Energetische Amortisation und Erntefaktoren regenerativer Energien. Technische Universität Berlin. Institut für Elektrische Energietechnik. Fachgebiet erneuerbare Energien (Hrsg.). 29. Jan. 1999. http://emsolar.ee.tu-berlin.de/allgemein/enamort.html

[157] Heier, S.; Kühn, M.; Schaumann, P. u. a.: Strategiepapier für den Bedarf an Forschung und Entwicklung im Bereich Windenergie. Bundesverband Windenergie (BWE) e.V., Osnabrück. Wissenschaftlicher Beirat (Hrsg.). April 2006, 7 S.

[158] Schroeren M.: Jürgen Trittin: Ausbau der Windenergie auf hoher See macht uns unabhängiger vom Öl. Bundesumweltministerium fördert Offshore-Stiftung mit 5 Millionen Euro. In: Innovations Report. 07. Sept. 2005. http://www.innovations-report.de/html/berichte/preise_foerderungen/bericht-65348.html

15.2 Abbildungsverzeichnis

Alle hier nicht aufgeführten Abbildungen stammen vom Autor, Herrn Dr. Siegfried Heier.

Abb. 3, 4, 6   DEWI-Magazin. (2006), H. 29, S. 30, S. 33
Abb. 5   Zahlen: Deutsches Windenergie-Institut, Grafik: Adrian, M.: In: Erneuerbare Energien. Jg. 16 (2006), H. 2, S. 19
Abb. 7   Bundesverband Erneuerbare Energien e.V. (BEE), Paderborn
Abb. 18, 23   Göock, R.: Erfindungen der Menschheit. Wind, Wasser, Sonne, Kohle, Öl. Blaufelden : Sigloch Edition, 1989. ISBN 3-89393-205-4, S. 23, S. 68
Abb. 20, 24   Tacke, F.: Windenergie – Die Herausforderung. Gestern, Heute, Morgen. Frankfurt : VDMA Verl., 2004. 264 S. ISBN 3-8163-0476-1
Abb. 26   Hau, E.: Windkraftanlagen. Berlin : Springer, 2003. 3., vollständig neubearb. Aufl. ISBN 3-540-42872-5, S. 42
Abb. 29   European Wind Energy Asscociation (EWEA), Brussels (Belgium); Daten: Riso National Laboratory, Roskilde (Denmark)
Abb. 30, 31, 70, 71, 72, 78, 79, 80, 81, 82   Durstewitz, M. (Bearb.); Ensslin, C. (Bearb.); Hahn, B. (Bearb.) u.a.: Wissenschaftliches Mess- und Evaluierungsprogramm (WMEP) zum Breitentest „250 MW-Wind". Jahresauswertungen 1990–2005. Institut für Solare Energieversorgungstechnik (ISET) e.V., Kassel (Hrsg.). 1990–2005
Abb. 33   Molly, J.-P.: Windenergie. Theorie, Anwendung, Messung. Karlsruhe : Müller, 1990. 2., völlig überarb. u. erw. Aufl. ISBN 3-7880-7269-5. S. 84–86
Abb. 36   Moretti, P. M.; Divone, L. V.: Moderne Windkraftanlagen. In: Spektrum der Wissenschaft. Jg. 8 (1986), H. 8, S. 65
Abb. 39 a   PCON Windkraft, Herborn
Abb. 40   BINE Informationsdienst, Bonn
Abb. 43, 44   Messerschmidt, Bölkow, Blohm (MBB), München
Abb. 46 b   früher: Windmaster, übernommen von Lagerwey B.V., heute: Wind Energy Solutions (WES) B.V., Zijdewind (The Netherlands) und Emergya Wind Technlogies B.V., Schoondijke (The Netherlands)
Abb. 46 c, 62 b   Aerodyn Energiesysteme GmbH, Rendsburg; SMA Technologie AG, Niestetal
Abb. 47   Vortec Energy Ltd., Auckland (New Zealand)
Abb. 48   Schlaich, Bergermann und Partner, Stuttgart
Abb. 50   Nordex AG, Norderstedt
Abb. 54 a, 63 a   MAN AG, München
Abb. 54 b, 57, 60 a, 60 b, 64, 85   Enercon GmbH, Aurich
Abb. 55   Gasch, R.; Twele, J.: Windkraftanlagen. Grundlagen, Entwurf, Planung und Betrieb. Wiesbaden : Teubner, 2005. 4., überarb. u. erw. Aufl. XXIV, 577 S., ISBN 3-519-36334-8
Abb. 56   GE Energy, Salzbergen

Abb. 58, 87   Multibrid Entwicklungsgesellschaft mbH, Bremerhaven
Abb. 63 b   Vestas Deutschland GmbH, Husum
Abb. 66   Allgaier Werke GmbH, Uhingen
Abb. 73   Arnold, G.: Stützung von Elektrizitätsversorgungsnetzen durch Windenergieanlagen und andere erneuerbare Energien. Dissertation an der Universität Kassel. 2004. Erschienen in: dissertation.de
Abb. 74   SMA Technolgie AG, Niestetal (Hrsg.): Sunny Family 2006 / 2007. Systemtechnik für die Photovoltaik. 2006
Abb. 83   Germanischer Lloyd GmbH, Hamburg
Abb: 84   Bundesamt für Seeschifffahrt und Hydrographie (BSH), Hamburg
Abb. 86   REpower Systems AG, Hamburg

16   Forschungsvorhaben der Bundesregierung

Im Folgenden werden Forschungsvorhaben zum Thema **Windenergie** vorgestellt, die vom Bundesministerium für Wirtschaft und Technologie (BMWI) und vom Bundesministerium für Umwelt, Naturschutz und Reaktorsicherheit (BMU) gefördert werden.
Einen umfassenden Überblick über die Projekte der Energieforschung finden Sie auch in der Datenbank „Förderkatalog" im Internet unter http://www.foerderkatalog.de.
Die Sortierung der Projekte erfolgt nach dem Förderkennzeichen (FKZ).

16.1   Laufende und kürzlich abgeschlossene Forschungsvorhaben

16.1.1   Große Windenergieanlagen

Verbundprojekt: Entwicklung einer getriebelosen 2,5 MW Windturbine mit permanentmagneterregtem Hochleistungsgenerator.
VENSYS Energiesysteme GmbH & Co. KG, Saarbrücken, FKZ **0329953B**, Laufzeit 01.05.2004 – 30.07.2007

Verbundprojekt: Neue Generation von Regelungssystemen für große Windkraftanlagen.
Institut für Solare Energieversorgungstechnik (ISET) e. V., Kassel. Bereich Energiewandlung und Regelungstechnik, FKZ **0329956A**, Laufzeit 01.10.2004 – 30.09.2007
Lust Drive Tronics GmbH, Unna, FKZ **0329956B**, Laufzeit 01.10.2004 – 30.09.2007

16.1.2   Projektförderung im Rahmen der Fördermaßnahme 100 / 250 MW Wind

Wissenschaftliches Mess- und Evaluierungsprogramm (WMEP) zur Fördermaßnahme „250 MW-Wind" – Abschlussphase zur Systematisierung und Bewertung der über zehnjährigen Betriebserfahrungen.
Institut für Solare Energieversorgungstechnik (ISET) e. V., Kassel
FKZ **03W0001J**, Laufzeit 01.07.2004 – 31.03.2007

Vorhaben zur Erprobung von Windenergieanlagen im Rahmen der Maßnahme „250 MW Wind".
Windpark Ahrenshöft Reede GmbH, Bredstedt, FKZ **03WOA15A/8**, Laufzeit 01.04.1998 – 31.08.2008

Erprobung von Windenergieanlagen im Rahmen der Maßnahme „250 MW Wind".
Bavaria Windpark GmbH & Co KG, Rennertshofen, FKZ **03W6059B/0**, Laufzeit 01.01.1998 – 31.12.2007

16.1.3   Projektförderung Offshore-Windparks

FINO 3 – Neptun, Kompetenzzentrum Offshore-Windenergienutzung, Nordsee-Entwicklungsplattform für Technologie und Naturschutz.
Forschungs- und Entwicklungszentrum Fachhochschule Kiel GmbH
FKZ **0327533**, Laufzeit 01.09.2005 – 31.12.2008

Entwicklung einer gewichtsoptimierten Offshore-Gründung für eine 5 MW-WEA in 20 – 50 m Wassertiefe.
REpower Systems AG, Hamburg. Entwicklungszentrum Osnabrück
FKZ **0327552**, Laufzeit 01.08.2005 – 30.09.2006

Kombination europäischer Wettervorhersagemodelle zur Reduktion des Vorhersagefehlers von Windstromertragsprognosen.
Energy & Meteo Systems GmbH, Oldenburg, FKZ **0327554**, Laufzeit 01.09.2005 – 31.08.2007

Verbesserte Integration großer Windstrommengen durch Zwischenspeicherung mittels CAES (Compressor Air Energy Storage).
Rheinisch-Westfälische Technische Hochschule Aachen. Institut für Elektrische Anlagen und Energiewirtschaft, FKZ **0327558**, Laufzeit 01.10.2005 – 30.11.2006

Entwicklung und Einführung eines automatischen Erfassungssystems
für die Ermittlung des Vogelschlages unter Praxisbedingungen auf FINO II.
Institut für Angewandte Ökologie Forschungsgesellschaft mbH, Broderstorf
FKZ **0327560**, Laufzeit 01.07.2006 – 31.12.2008

Verbundvorhaben: OGOWin. Teilprojekt: Entwicklung von Methoden zur beanspruchungsgerechten
Optimierung, Montagesimulation, Best-Fit-Analyse sowie zur Entwicklung eines Structural-Health-
Monitoring-Systems.
Fraunhofer-Center für Windenergie und Meerestechnik (CWMT), Bremerhaven
FKZ **0327564A**, Laufzeit 01.08.2006 – 31.07.2009

Teilprojekt: Schaffung der Grundlagen sowie Adaption der Berechnungsmodelle zur Optimierung
aufgelöster Gründungsstrukturen von Offshore-Windenergieanlagen.
REpower Systems AG, Hamburg. Entwicklungszentrum Osnabrück
FKZ **0327564B**, Laufzeit 01.08.2006 – 31.07.2009

Teilprojekt: Anpassung der Berechnungsmodelle aufgelöster Gründungsstrukturen von OWEA mit
Hilfe von Messwerten an die Wirklichkeit.
Gottfried Wilhelm Leibniz Universität Hannover. Fakultät für Bauingenieurwesen und Geodäsie. Institut für
Statik und Dynamik, FKZ **0327564C**, Laufzeit 01.08.2006 – 31.07.2009

Teilprojekt: Untersuchung hinsichtlich des Einsatzes von standardisierten Rohren und Beschichtungs-
systemen für seriell zu fertigende Offshore-Gründungsstrukturen.
EUROPIPE GmbH, Mülheim, FKZ **0327564E**, Laufzeit 01.08.2006 – 31.07.2009

Projekt AMPOD: Anwendungs- und Auswerteverfahren für den Einsatz von T-PODs in WEA-Umwelt-
verträglichkeitsprüfungen: Vergleichbarkeit und Entwicklung von Standardmethoden.
Deutsches Meeresmuseum Stralsund, FKZ **0327587**, Laufzeit 01.08.2006 – 31.07.2009

Betrieb der Forschungsplattform FINO 1 für Offshore Windenergie in der Nordsee.
Germanischer Lloyd Industrial Services GmbH, Hamburg, FKZ **0329905B**, Laufzeit 01.04.2005 – 31.12.2009

Rechnerische Bewertung des Risikos herabstürzender Gondeln von Offshore-Windenergieanlagen
bei der Kollision mit Schiffen.
Technische Universität Hamburg-Harburg, FKZ **0329928**, Laufzeit 01.05.2004 – 30.06.2007

Offshore-Windenergieanlagen: Integrales Konzept und techno-ökonomische Optimierung von
Offshore-Installationsgerät und Gründungsstruktur.
F + Z Baugesellschaft mbH, Hamburg, FKZ **0329942**, Laufzeit 01.07.2004 – 31.12.2006

Validierung bautechnischer Bemessungsmethoden für Offshore-Windenergieanlagen anhand der
Messdaten der Forschungsplattformen FINO 1 und FINO 2.
Gottfried Wilhelm Leibniz Universität Hannover. Fakultät für Bauingenieurwesen und Geodäsie. Institut für
Strömungsmechanik und Elektronisches Rechnen im Bauwesen, FKZ **0329944**, 01.04.2004 – 31.03.2007

Strategische Umweltprüfung und strategisches Umweltmonitoring.
Universität Lüneburg. Fachbereich IV Umweltwissenschaften, FKZ **0329945A**, Laufzeit 01.09.2005 – 30.11.2006

Verbundvorhaben MINOS plus. Weiterführende Arbeiten an Seevögeln und Meeressäugern zur
Bewertung von Offshore-Windkraftanlagen.
Landesamt für den Nationalpark Schleswig-Holsteinisches Wattenmeer, Tönning
FKZ **0329946**, Laufzeit 01.06.2004 – 30.04.2007

Weiterführende Untersuchungen zum Einfluss von Offshore-Windenergieanlagen auf marine
Warmblütler im Bereich der deutschen Nord- und Ostsee. Teilprojekte 1 – 5.
Christian-Albrechts-Universität zu Kiel. Forschungs- und Technologiezentrum Westküste, Büsum
FKZ **0329946B**, Laufzeit 01.06.2004 – 30.04.2007

Untersuchungen zur Raumnutzung durch Schweinswale in der Nord- und Ostsee mit Hilfe
akustischer Methoden (PODs). Teilprojekt 3.
Deutsches Meeresmuseum Stralsund, FKZ **0329946C**, Laufzeit 01.06.2004 – 30.04.2007

Seehunde in (SIS) – Untersuchungen zur räumlichen und zeitlichen Nutzung der Nordsee durch
Seehunde im Zusammenhang mit der Entwicklung von Offshore-Windenergieanlagen (WEA).
Teilprojekt 6.
Christian-Albrechts-Universität zu Kiel. Leibniz-Institut für Meereswissenschaften (IFM-GEOMAR)
FKZ **0329946D**, Laufzeit 01.06.2004 – 30.04.2007

Standardverfahren zur Ermittlung und Bewertung der Belastung der Meeresumwelt durch
Schallimmissionen von Offshore-WEA.
Gottfried Wilhelm Leibniz Universität Hannover. Curt-Risch-Institut für Dynamik, Schall- und Messtechnik
FKZ **0329947**, Laufzeit 01.07.2004 – 31.07.2006

NUTZUNG DER WINDENERGIE

Artbezogene Erheblichkeitsschwellen von Zugvögeln für das Seegebiet der südwestlichen Ostsee bezüglich der Gefährdung des Vogelzuges in Zusammenhang mit dem Kollisionsrisiko an Windenergieanlagen.
Institut für Angewandte Ökologie Forschungsgesellschaft mbH, Broderstorf
FKZ **0329948**, Laufzeit 01.07.2004 – 31.12.2007

Berücksichtigung von Auswirkungen auf die Meeresumwelt bei der Zulassung von Windparks in der Ausschließlichen Wirtschaftszone.
Technische Universität Berlin. Institut für Landschaftsarchitektur und Umweltplanung. Fachgebiet Landschaftsplanung, FKZ **0329949**, Laufzeit 01.06.2004 – 31.12.2006

Einsatz von Biomarkern für die Erfassung möglicher Wirkungen von elektromagnetischen Feldern (Teil A) und Temperaturen (Teil B) auf marine Organismen (Miesmuscheln und Schlickkrebs) unter Laborbedingungen.
Institut für Angewandte Ökologie Forschungsgesellschaft mbH, Broderstorf
FKZ **0329954**, Laufzeit 01.09.2004 – 31.12.2006

Verbundvorhaben QuantAS-Off: Quantifizierung von Wassermassen – Transformationsprozessen in der Arkonasee – Einfluss von Offshore-Windkraftanlagen.
Universität Rostock. Institut für Ostseeforschung (IOW), Rostock-Warnemünde
FKZ **0329957**, Laufzeit 01.09.2004 – 31.03.2009

Teilprojekt Fließexperimente
Universität Rostock. Fachbereich Maschinenbau und Schiffstechnik – Lehrstuhl für Strömungsmechanik
FKZ **0329957A**, Laufzeit 01.09.2004 – 31.08.2007

Teilprojekt Numerische Nah-Feld Modellierung.
Gottfried Wilhelm Leibniz Universität Hannover. Fakultät für Bauingenieurwesen und Geodäsie. Institut für Strömungsmechanik und Elektronisches Rechnen im Bauwesen
FKZ **0329957B**, Laufzeit 01.09.2004 – 31.08.2007

Verbundprojekt: Ermittlung designrelevanter Belastungsparameter für WEA in der Deutschen Bucht auf Basis der FINO-Messdaten.
Forschungszentrum Karlsruhe GmbH, Eggenstein-Leopoldshafen. Institut für Meteorologie und Klimaforschung – Atmosphärische Umweltforschung (IMK-IFU), FKZ **0329961**, Laufzeit 01.04.2005 – 30.06.2008

Teilprojekt: Modellierung der Windparkeffekte und Validierung der Lastannahmen im Offshore-Bereich.
Deutsches Windenergie-Institut GmbH (DEWI), Wilhelmshaven
FKZ **0329961A**, Laufzeit 01.04.2005 – 31.03.2008

Teilprojekt: Validierung der Lastannahmen im Offshore-Bereich.
DEWI-OCC Offshore and Certification Centre GmbH, Wilhelmshaven
FKZ **0329961B**, Laufzeit 01.04.2005 – 31.03.2008

Untersuchungen über die Kollisionsgefahr von Zugvögeln und die Störwirkung auf Schweinswale in den Offshore-Windenergieanlagen Horns Rev, Nordsee und Nysted, Ostsee in Dänemark.
Universität Hamburg. Fakultät für Mathematik, Informatik und Naturwissenschaften. Fachbereich Biologie. Biozentrum Grindel und Zoologisches Museum, FKZ **0329963**, Laufzeit 01.02.2005 – 31.01.2007
BioConsult SH, Husum, FKZ **0329963A**, Laufzeit 01.02.2005 – 31.01.2007

Untersuchungen zur Kolkbildung und zum Kolkschutz bei Monopile-Gründungen von Offshore-Windenergieanlagen.
Gottfried Wilhelm Leibniz Universität Hannover. Gemeinsame Zentrale Einrichtung Forschungszentrum Küste, FKZ **0329973**, Laufzeit 01.11.2004 – 31.12.2006

Benthosökologische Auswirkungen von Offshore-Windenergieparks in der Nordsee (BeoFINO II).
Stiftung Alfred-Wegener-Institut für Polar- und Meeresforschung (Stiftung AWI), Bremerhaven
FKZ **0329974A**, Laufzeit 01.01.2005 – 31.12.2007

Langfristige Feldunteruschungen zu möglichen Auswirkungen von Offshore-Windenergieparks in der Ostsee (BeoFINO II).
Universität Rostock. Institut für Ostseeforschung (IOW), Warnemünde
FKZ **0329974B**, Laufzeit 01.01.2005 – 31.12.2007

Verbundprojekt: Entwicklung eines elektromechanischen Hochleistungsantriebes für Windenergieanlagen der Multi-Megawatt-Klasse (90 m-Klasse).
Voith Turbo GmbH & Co. KG, Heidenheim, FKZ **0329981**, Laufzeit 01.08.2005 – 31.07.2007
Nordex Energy GmbH, Norderstedt, FKZ **0329981A**, Laufzeit 01.08.2005 – 29.02.2008

Auswirkungen auf den Vogelzug – Begleitforschung im Offshore-Bereich auf Forschungsplattformen in der Nordsee – „FINOBIRD".
Institut für Vogelforschung „Vogelwarte Helgoland", Wilhelmshaven
FKZ **0329983**, Laufzeit 01.01.2005 – 31.12.2007

Verbundprojekt: Aufbau und Betrieb einer Messplattform zur Erprobung der westlichen Ostsee als Unterstützung zur Untersuchung aller Haupt- und Nebenbedingungen für langfristige windenergetische Nutzung (FINO II).
Hochschule Wismar. Schifffahrtsinstitut Warnemünde e.V., Rostock, FKZ **0329990**, Laufzeit 01.02.2005 – 31.12.2006

GIS-gestützter autoökologischer Atlas für Makrozoobenthos der deutschen Meeresgebiete.
Institut für Angewandte Ökologie Forschungsgesellschaft mbH, Broderstorf
FKZ **0329997**, Laufzeit 01.08.2005 – 31.07.2007

16.1.4 Sonstiges im Rahmen der Windenergie

Akustisch optimierter Windkanal für die Forschung und Optimierung im Bereich der Windenergienutzung.
Deutsche Wind Guard GmbH, Varel, FKZ **0327555**, Laufzeit 01.11.2005 – 31.09.2007

Automatisiertes Prüfsystem für Rotorblätter von Windkraftanlagen.
IDASWIND Ingenieurgesellschaft mbH, Büro Berlin, FKZ **0327556**, Laufzeit 01.10.2005 – 30.09.2007

Verbundvorhaben: Integration großer Offshore-Windparks in elektronische Versorgungssysteme (Netzeinbindung, Betriebsführung, Strukturierung).
Institut für Solare Energieversorgungstechnik (ISET) e.V., Kassel
FKZ **0329924B**, Laufzeit 01.02.2004 – 31.10.2007
Universität Kassel. Fachbereich 16 Elektronik / Informatik
FKZ **0329924C**, Laufzeit 01.02.2004 – 31.10.2007
Vattenfall Europe Transmission GmbH, Berlin
FKZ **0329924D**, Laufzeit 01.02.2004 – 31.10.2007
WRD Wobben Research and Development GmbH, Aurich
FKZ **0329924F**, Laufzeit 01.02.2004 – 31.10.2007

Verbundprojekt: Einführung eines teilautomatisierten Preforming-Verfahrens für die reproduzierbare Fertigung von Rotorblättern für Windenergieanlagen.
Abeking & Rasmussen Rotec GmbH & Co. KG, Lemwerder
FKZ **0329926A**, Laufzeit 01.10.2005 – 30.09.2007
Universität Bremen. Bremer Institut für Konstruktionstechnik (BIK)
FKZ **0329926B**, Laufzeit 01.10.2005 – 30.09.2007

16.2 Forschungsberichte

Bei den nachfolgend aufgeführten Forschungsberichten handelt es sich um eine Auswahl zum Thema **Windenergie.**Forschungsberichte aus dem naturwissenschaftlich-technischen Bereich werden zentral von der Technischen Informationsbibliothek (TIB) in Hannover gesammelt und können dort ausgeliehen werden. Viele Forschungsberichte stehen als PDF-Dokumente zum Download zur Verfügung. Sie können im OPAC der UB / TIB Hannover recherchiert werden unter http://www.tib.uni-hannover.de/
Die Bestelladresse für Forschungsberichte lautet:
Technische Informationsbibliothek Hannover (TIB), Postfach 60 80, 30060 Hannover

Kellermann, A. (Betr.):
Marine Warmblüter in Nord- und Ostsee. Grundlagen zur Bewertung von Windkraftanlagen im Offshore-Bereich. Endbericht. Bd. 1 + Bd. 2.
Landesamt für den Nationalpark Schleswig-Holsteinisches Wattenmeer, Tönning
2004. S. 1 – 194 (Bd. 1), S. 195 – 460 (Bd. 2), FKZ **0327520**, Signatur TIB Hannover: F05B1494, F05B1495

Gellermann, M.; Melter, J.; Schreiber, M.:
Ableitung fachlicher Kriterien für die Identifizierung und Abgrenzung von marinen Besonderen Schutzgebieten (BSG) nach Art. 4 Abs. 1 und 2 der Vogelschutzrichtlinien bzw. Vorschlagsgebieten gemäß Art. 4 Abs. 1 der FFH-Richtlinie für die deutsche ausschließliche Wirtschaftszone. Schlussbericht.
Schreiber Umweltberatung, Bramsche, 2003. 139 S., FKZ **0327525**, Signatur TIB Hannover: F03B1113

Orejas, C.; Joschko, T.; Schröder, A. (Betr.):
Ökologische Begleitforschung zur Windenergienutzung im Offshore-Bereich auf Forschungsplattformen in der Nord- und Ostsee (BeoFINO). Endbericht.
Alfred-Wegener-Institut für Polar- und Meeresforschung, Bremerhaven
2005. 333 S., FKZ **0327526**, Signatur TIB Hannover: F05B2201

NUTZUNG DER WINDENERGIE

Biehl, F.:
Rechnerische Bewertung von Fundamenten von Offshore Windenergieanlagen bei Kollisionen mit Schiffen. Abschlussbericht.
Technische Universität Hamburg-Harburg, 2004. IV, 109 S., ISBN 3-892220-629-5, FKZ **0327527**
Schriftenreihe Schiffbau. 629, Signatur TIB Hannover: RA 489(629), auch als PDF-Datei vorhanden

Standardverfahren zur Ermittlung und Bewertung der Belastung der Meeresumwelt durch die Schallimmission von Offshore-Windenergieanlagen. Abschlussbericht.
Deutsches Windenergie-Institut, Wilhelmshaven, 2004. 260 S., FKZ **0327528A**
Signatur TIB Hannover: F05B1801, auch als PDF-Datei vorhanden

Schreiber, M.:
Maßnahmen zur Vermeidung und Verminderung negativer ökologischer Auswirkungen bei der Netzanbindung und -integration von Offshore-Windparks. Abschlussbericht.
Schreiber Umweltberatung, Bramsche, 2004. 217 S., FKZ **0327530**
Signatur TIB Hannover: F05B338, auch als PDF-Datei vorhanden

Ökologische Begleitforschung zur Windenergienutzung im Offshore-Bereich der Nord- und Ostsee: Teilbereich „Instrumente des Umwelt- und Naturschutzes Bd. 1–Bd. 5.
2003. XII, 211 S. (Bd. 1), VIII, 121 S. (Bd.2), II, 112 S. (Bd. 3), 61, 27 S. (Bd. 4), 9 Bl. (Bd. 5), FKZ **0327531**
Signatur TIB Hannover: QN 506(1), QN 506(2), QN 506(3), QN 506(4), QN 506(Sch)

Rehfeldt, K.:
Erwerb der Genehmigungsrechte eines Offshore-Windparks in der deutsche Nord- oder Ostsee mit dem Ziel, die Errichtung und den Betrieb eines Testfeldes für Offshore-Windenergieanlagen der 5 MW-Technologie zu ermöglichen.
Stiftung der Deutschen Wirtschaft für die Nutzung und Erforschung der Windenergie auf See (Offshore-Stiftung), Varel, 2006. 27 S., FKZ **0327551,** nur als PDF-Datei vorhanden

Caselitz, P. (Bearb.):
Fehlerfrüherkennung in Windkraftanlagen. Abschlussbericht.
Institut für Solare Energieversorgungstechnik (ISET), Kassel. Abt. Regelungstechnik
1999. 194 S., FKZ **0329304A,** Signatur TIB Hannover: F99B965, auch als PDF-Datei vorhanden

Günther, H.; Hennemutz, H.:
Erste Aufbereitung von flächenhaften Windmessdaten aus Höhen bis 150 m über Grund für ein späteres Archiv „Winddaten aus Sondermessungen" und für weitere wissenschaftlich-technische Auswertungen. Abschlussbericht.
Deutscher Wetterdienst, Hamburg (Hrsg.), 1998. 158 Bl., FKZ **0329372A,** Signatur TIB Hannover: F99B128

Kruse, B.; Sattler, K.; Traup, S.:
Bereitstellung spezieller Winddaten als Grundlage zur Bestimmung des Windenergiepotentials an geplanten Konverterstandorten, insbesondere in orographisch gegliedertem Gelände. Abschlussbericht.
Deutscher Wetterdienst, Offenbach (Hrsg.), 1999. 73, 46 Bl., FKZ **0329541A,** Signatur TIB Hannover: F00B274

Mades, U.:
Analyse der Windkraftnutzung mit Großwindanlagen im Binnenland.
RWE Power AG, Essen (Hrsg.), 2000. [11] Bl., FKZ **0329654A**
Signatur TIB Hannover: QN 1(86,56), auch als PDF-Datei vorhanden

Krüger, T.; Petschenka, J.; Reichardt, M.:
Regelung von Großwindkraftanlagen für Standorte in Mittelgebirgslagen. Abschlussbericht.
Universität Kassel. Institut für Solare Energieversorgungstechnik (ISET) e.V., Kassel (Hrsg.)
1998. 73 S., FKZ **0329665,** Signatur TIB Hannover: F98B1289

Schmid, R.; Wiesinger, J.:
Blitzschutz von Windenergieanlagen. Abschlussbericht. Kurzfassung,
Universität der Bundeswehr München (Hrsg.); Fördergesellschaft Windenergie (FGW), Hamburg (Hrsg.),
2000. 25 S., FKZ **0329732,** Signatur TIB Hannover: F00B1283, auch als PDF-Datei vorhanden

Fuhrhoff, R.; Söffker, A.; Siegfriedsen, S.:
Abschlussbericht zum Förderprojekt Entwicklung und Erprobung einer Aktiv-Stall-Rotorblatt-Familie für Windenergieanlagen der Mittleren- und Megawattleistungsklasse.
Abeking & Rasmussen Rotec GmbH, Lemwerder (Hrsg.), 2000. 115 S., FKZ **0329744**
Signatur TIB Hannover: F01B10, auch als PDF-Datei vorhanden

Entwurf eines neuartigen Antriebsstranges für Multimegawattanlagen. Abschlussbericht.
MULTIBRID Entwicklungsgesellschaft mbH, Bremerhaven
2005. 37 Bl., FKZ **0329877,** Signatur TIB Hannover: F06B1655, auch als PDF-Datei vorhanden

Dinter, R.:
Wind 2005: Neues Triebstrangkonzept für Hochleistungs-Großwindkraftanlagen.
Winenergy AG, Friedrichsfeld, 2005., FKZ **0329895**, Signatur TIB Hannover: F05B985, auch als PDF-Datei vorhanden

Fischer, G.:
Spezifikation, Ausschreibung, Bau und Betrieb von Forschungsplattformen für Offshore Windenergie in Nord- und Ostsee (FINO). Abschlussbericht.
Germanischer Lloyd WindEnergie, Hamburg, 2006. 43 Bl., FKZ **0329905**
Signatur TIB Hannover: F06B173, auch als PDF-Datei vorhanden

Technische Messungen in Nord- und Ostsee (TeMeFINO): Forschungs-Plattform Borkum West. Abschlussbericht.
Deutsches Windenergie-Institut, Wilhelmshaven, 2005. 95 S. (Hauptband)+ Anhang
FKZ **0329905**, Signatur TIB Hannover: F06B1979, F06B1980

Trinkhaus, M.:
Kleine Windenergieanlage. Entwicklung einer kleinen Windenergieanlage für die modulare Systemtechnik. Abschlussbericht.
SMA Technologie AG, Niestetal, 2005. getr. Zählung (ca. 149 S.), FKZ **0329908A**, Signatur TIB Hannover: F06B1930

Thom, R.; Siegfriedsen, S.:
Entwicklung einer kleinen Windenergieanlage für die modulare Systemtechnik. Abschlussbericht.
Aerodyn Energiesysteme GmbH, Rendsburg, 2005. 72 Bl., FKZ **0329908B**

Rohrig, K.; Biermann, K.:
Entwicklung eines Rechenmodells zur Windleistungsprognose für das Gebiet des deutschen Verbundnetzes. Abschlussbericht.
Institut für Solare Energieversorgungstechnik (ISET), Kassel, 2005. 202 S., FKZ **0329915A**
Signatur TIB Hannover: F05B2314, auch als PDF-Datei vorhanden

Schomerus, T.; Burandt, S.:
Strategische Umweltprüfung für die Offshore-Windenergienutzung. Grundlagen ökologischer Planung beim Ausbau der Offshore Windenergie in der deutschen Ausschließlichen Wirtschaftszone.
Hamburg: Kovac, 2006. ISBN 3-8300-2291-3, Umweltforschung in Forschung und Praxis. 28
FKZ **0329945**, Signatur TIB Hannover: RB 01242(28)

Hoppe-Kilpper, M.; Döpfer, R. (Bearb.):
Wissenschaftliches Meß- und Evaluierungsprogramm (WMEP) zum Breitentest „250 MW Wind". Phase IV. Abschlussbericht. Bd. 1 + Bd. 2.
Universität Kassel. Institut für Solare Energieversorgungstechnik (ISET) e.V., Kassel (Hrsg.)
2004. 298 S. (Bd. 1), 302 S. (Bd. 2), FKZ **03W0001I**, Signatur TIB Hannover: F05B1235, F05B1236

17 Weiterführende Literatur

Dieses Literaturverzeichnis weist auf deutschsprachige Publikationen hin, die im Buchhandel oder bei den angegebenen Bezugsadressen erhältlich sind. Die Titel können auch in öffentlichen Bibliotheken, Fach- und Universitätsbibliotheken ausgeliehen werden. Das Verzeichnis ist alphabetisch nach Autoren oder Herausgebern sortiert. Für ausführliche Literaturrecherchen, z. B. nach unselbstständiger Literatur wie Zeitschriftenartikel oder Tagungsbeiträge, bietet das Fachinformationszentrum (FIZ) Karlsruhe, Hermann-von-Helmholtz-Platz 1, 76344 Eggenstein-Leopoldshafen, fachspezifische Datenbanken an. Informationen über das Datenbankangebot (Literatur- und Faktendatenbanken), Preise und Konditionen für Recherchen sowie Suchmöglichkeiten per Internet senden wir gerne zu. Informationen hierzu sind auch unter www.fiz-karlsruhe.de erhältlich.

17.1 Technik und Nutzung

Durstewitz, M. (Red.); Enßlin, C. (Red.); Hahn, B. (Red.) u. a.:
Windenergie Report Deutschland 2006. Jahresauswertung des WMEP. Wissenschaftliches Mess- und Evaluierungsprogramm (WMEP) zum Breitentest „250 MW Wind". Wind Energy Report Germany 2006. Annual Evaluation of WMEP. Scientific Measurement and Evaluation Programme (WMEP) within the "250 MW Wind" project.
Institut für Solare Energieversorgungstechnik (ISET) – Verein an der Universität Gesamthochschule Kassel e.V., Kassel (Hrsg.) 2006. 246 S., 15,00 Euro, Vertrieb: Institut für Solare Energieversorgungstechnik (ISET) – Verein an der Universität Gesamthochschule Kassel e.V., Königstor 59, 34119 Kassel, Tel.: 0561 7294-0, Fax: 0561 7294-100, mbox@iset.uni-kassel.de, www.iset.uni-kassel.de

NUTZUNG DER WINDENERGIE

Die vorliegende Jahresauswertung stellt die 16. und letzte Ausgabe der regelmäßigen Veröffentlichungen von Betriebsergebnissen der Windenergieanlagen im Förderprogramm „250 MW Wind" dar. Sie bietet neben der Darstellung des aktuellen Stands der Technik auch einen Rückblick auf die langjährige und erfolgreiche Entwicklung dieser Technologie.

Gasch, R.; Twele, J.:
Windkraftanlagen. Grundlagen, Entwurf, Planung und Betrieb.
Stuttgart : Teubner, 2005. XXIV, 577 S., 4., überarb. u. erw. Aufl., ISBN 3-519-36334-8, 36,90 Euro
Das Buch ist ein Standardlehrwerk und Referenzbuch für Studierende und Ingenieure der Windenergietechnik. Es gibt einen Rück- und Überblick zum gegenwärtigen Stand der Windenergietechnik, macht mit den Grundlagen, Entwurfsmethoden und Hauptbauarten von Windkraftanlagen vertraut und behandelt Fragen der Aerodynamik, der Strukturmechanik, der Steuerung und Regelung sowie Faktoren der Wirtschaftlichkeit. Die 4. Auflage berücksichtigt den aktuellen Stand der Technik der dynamischen Entwicklung der letzten Jahre, widmet sich nun auch der Offshore-Technik und behandelt Netzanschlussprobleme und Fragen der Projektierung, des Betriebs und der Wirtschaftlichkeit.

Germanischer Lloyd, Hamburg (Hrsg.):
Richtlinie für die Zertifizierung von Windenergieanlagen. Ausgabe 2003 mit Ergänzung 2004.
2004. 100,00 Euro, Vertrieb: Germanischer Lloyd WindEnergie GmbH, Steinhöft 9,
20459 Hamburg, Tel.: 040 31106-707, Fax: 040 31106-1720
WindEnergie@gl-group.com, www.gl-wind.com

Hau, E.:
Windkraftanlagen. Grundlagen, Technik, Einsatz, Wirtschaftlichkeit.
Berlin : Springer, 2003. XX, 792 S., 3., neubearb. Aufl., ISBN 3-540-42827-5, 179,00 Euro
In diesem Buch wird die Technologie moderner Windkraftanlagen systematisch und umfassend dargestellt. Ausgehend von den historischen Wurzeln der Windkraftnutzung führt der Autor über die technisch-physikalischen Grundlagen, den konstruktiven Aufbau, die Einsatzkonzeptionen und die Umweltverträglichkeit bis hin zu Wirtschaftlichkeitsuntersuchungen der Stromerzeugung mit Windenergie. Der letztgenannte Aspekt wird insbesondere durch eine fundierte Analyse der Herstellkosten von Windenergieanlagen und durch die Untersuchung der Bedingungen, unter denen sie wirtschaftlich eingesetzt werden können, behandelt. Diese Auflage legt einen zusätzlichen Schwerpunkt auf grundsätzliche Probleme, die sich mit dem zunehmenden Ausbau der Windkraftnutzung verstärkt stellen: die Integration in die öffentliche Energieversorgung und die Umweltverträglichkeit dieser an sich umweltfreundlichen Energie.

Heier, S.:
Windkraftanlagen. Systemauslegung, Integration und Regelung.
Stuttgart : Teubner, 2005. X, 450 S., 4., überarb. u. aktualisierte Aufl., ISBN 3-519-36171-X, 39,90 Euro
Die Windenergie hat in Deutschland bei der Elektrizitätserzeugung den Beitrag der Wasserkraft bereits übertroffen. Mit dieser großtechnischen Anwendung erlangt die Verträglichkeit der Windkraftanlagen mit der Natur und Umwelt sowie mit dem Elektrizitätsnetz zunehmend an Bedeutung. Das Buch beantwortet die Frage, wie Windkraftanlagen durch Regelung und Führung dem Verhalten konventioneller Kraftwerke näher gebracht werden können. Dabei werden die Turbine, der Generator, die Regelung sowie die Wechselwirkungen zwischen den Komponenten maßgeblich betrachtet. Dazu kommt die Integration der Anlagen in die Elektrizitätsnetze sowie zahlreiche Betriebsergebnisse und Wirtschaftlichkeitsbetrachtungen.

Tacke, F.:
Windenergie: die Herausforderung. Gestern, Heute, Morgen.
Frankfurt : VDMA-Verl., 2004, 264 S., ISBN 3-8163-0476-1, 30,00 Euro
Das Buch beinhaltet einen historischen Abriss und gibt gleichzeitig einen Ausblick über die Windenergienutzung in Deutschland.

17.2 Offshore-Nutzung

Klinski, S.:
Rechtliche Probleme der Zulassung von Windkraftanlagen in der ausschließlichen Wirtschaftszone (AWZ).
Umweltbundesamt, Berlin (Hrsg.), Nov. 2001. 81 S., ISSN 0722-186X, UBA-FB 000234
Texte. Bd. 62/01, Vertrieb: Umweltbundesamt, Postfach 33 00 22, 14191 Berlin,
Tel.: 030 8903-0, Fax: 030 8903-2285, www.umweltbundesamt.de

Rehfeldt, K.; Gerdes, G. J.:
Internationale Aktivitäten und Erfahrungen im Bereich der Offshore-Windenergienutzung.
Bundesministerium für Umwelt, Naturschutz und Reaktorsicherheit (BMU), Berlin. Referat Z II 3 Öffentlichkeitsarbeit (Hrsg.); Deutsche WindGuard GmbH, Varel (Hrsg.)
Jan. 2002. 52 S. Download unter: www.bmu.de/erneuerbare/energien.doc/2737.php

WEITERFÜHRENDE LITERATUR

Auch wenn die ersten Offshore-Windenergieparks im Ausland bereits errichtet sind, steht die Windenergienutzung auf dem Meer mit einer installierten Kapazität von weltweit ca. 80 MW erst am Anfang. Bei den bisher installierten Windenergieparks auf dem Meer handelt es sich vorwiegend um Demonstrationsvorhaben, die in relativ kurzer Entfernung zu den entsprechenden Küsten aufgebaut wurden, um die neuen technischen Herausforderungen bewältigen zu können. Insbesondere in Deutschland sind Offshore-Windenergieparks aber aufgrund der geografischen Gegebenheiten in großer Küstenentfernung geplant. Aus diesem Grund ist es aus nationaler Sicht besonders wichtig, die internationalen Aktivitäten und Erfahrungen zu verfolgen und auszuwerten.

17.3 Marktübersichten

Bundesverband WindEnergie Service GmbH, Osnabrück (Hrsg.):
Windenergie 2007. Marktübersicht.
2007. ca. 260 S., 18. Ausgabe. (erscheint voraussichtlich im September 2007)
Vertrieb: BWE-Service GmbH, Herrenteichstr. 1, 49074 Osnabrück,
Tel.: 0541 35060-12, Fax: 0541 35060-50, service@wind-energie.de, www.wind-energie.de

Johnsen, B. (Red.); Buddensiek, V. (Red.); Baars, A. (Red.):
Windkraftanlagenmarkt 2007. Typen, Technik, Preise. Wind Turbine Market 2007. Types, Technical Characteristics, Prices. Mercado de Aerogeneradores. Tipo, Tecnica, Precios.
Hannover : SunMedia Verl. Neuauflage erscheint 2007. Erneuerbare Energien. Sonderdruck
Vertrieb: SunMedia Verlags- und Kongressgesellschaft für erneuerbare Energien mbH,
Querstr. 31, 30519 Hannover, Tel.: 0511 8441932, Fax: 0511 8442576
info@sunmediaverlag.de, www.erneuerbareenergien.de

17.4 Datenbanken

Institut für Solare Energieversorgungstechnik (ISET) – Verein an der Universität Gesamthochschule Kassel e.V., Kassel (Hrsg.):
Renewable Energy Information System on Internet – REISI. Produktinformation und Betriebsergebnisse von Komponenten Solarer Energieversorgungssysteme.
Vertrieb: Institut für Solare Energieversorgungstechnik (ISET) – Verein an der Universität Gesamthochschule Kassel e.V., Königstor 59, 34119 Kassel,
Tel.: 0561 7294-0, Fax: 0651/7294-100, mbox@iset.uni-kassel.de, www.iset.uni-kassel.de
Aufbauend auf den Datenbestand der am ISET entwickelten und betriebenen Online-Informationssysteme WISY und ISEE sowie auf die Auswertungen des „250 MW Wind"-Programms wurde im Mai 1997 die erste Version des Technologiebereichs Windenergie im „Renewable Energy Information System on Internet – REISI" fertiggestellt. REISI soll in Zukunft um weitere Technologiebereiche wie z. B. Betriebsdaten von Photovoltaikanlagen und um weitere Komponenten solarer Energieversorgungssysteme wie Batterien, Stromrichter, Gleichstromsteller etc. erweitert und damit zu einer zentralen, für jedermann zugänglichen Informationsquelle für die Entwicklung und den Einsatz der erneuerbaren Energien in Deutschland werden. Der Technologiebereich Windenergie des REISI gliedert sich in 5 Hauptbereiche: Produktinformationen, Entwicklung der Windenergienutzung in Deutschland, Betriebsergebnisse, Betriebsbedingungen, Download von Messdaten.

17.5 BINE Informationsdienst

Der BINE Informationsdienst von FIZ Karlsruhe bietet Kompetenz in neuen Energietechniken. Der intelligente Umgang mit knappen wertvollen Energieressourcen, insbesondere in Gebäuden und der Gebäudetechnik, sowie die Nutzung erneuerbarer Energien sind die Kernthemen. Der BINE Informationsdienst gibt dazu u. a. 2 Informationsreihen heraus. Zum Thema „Windenergie" sind folgende Titel erschienen und können kostenfrei angefordert werden:

- „Kleine Windenergieanlage für Netz- und Inselbetrieb" (BINE-Projekt-Info 2/2007)
- „Offshore – Forschungsplattform FINO 1" (BINE-Projekt-Info 9/2005)
- „Multimegawatt-Anlagen" (BINE-Projekt-Info 10/2004)
- „Ökologische Begleitforschung zur Offshore Windenergienutzung" (BINE-Projekt-Info 7/2004)
- „Leistungsprognose für Windenergieanlagen" (BINE-Projekt-Info 14/2003)
- „Offshore – Windenergie vor der Küste" (BINE-Projekt-Info 5/2003)
- „Blitzschutz für Windenergieanlagen" (BINE-Projekt-Info 12/2000)

Über aktuelle Förderprogramme für die Windenergie und alle übrigen neuen Energietechniken informiert der **„Förderkompass Energie – eine BINE Datenbank".**

Für einzelne Anfragen bietet der BINE Informationsdienst die Informationen auch auf dem Webportal **energiefoerderung.info** an.

18 Zum Autor

Siegfried Heier arbeitet seit mehr als 30 Jahren im Bereich der Windenergie. Er ist Initiator und Leiter von vielen Forschungsvorhaben, deren Ergebnisse erfolgreich technisch umgesetzt wurden. Grundlegende Erfahrungen sind in mehr als 100 Veröffentlichungen über Generatorsysteme, Regelung und Netzintegration von Windkraftanlagen etc. publiziert worden.

Er ist auch Verfasser der Standardwerke „Windkraftanlagen" (B. G. Teubner Verlag) in deutscher sowie „Grid Integration of Wind Energy Conversion Systems" (Verlag John Wiley & Sons) in englischer Sprache. Darüber hinaus ist er Vorsitzender des „Wissenschaftlichen Beirates im Bundesverband Windenergie" sowie stellvertretender Vorsitzender im „Fachausschuss für die Zertifizierung und wiederkehrende Prüfung von Windkraftanlagen (Germanischer Lloyd)" und Mitglied im „VDI-Fachausschuss Regenerative Energien".

Seine Lehrtätigkeit an der Universität Kassel umfasst seit mehr als 25 Jahren neben Grundlagen der Elektro-, Energie- und Windkrafttechnik insbesondere Vertiefungsvorlesungen über Netzintegration und Regelung von Windkraftanlagen sowie anderen regenerativen und konventionellen Elektrizitäts-Versorgungssystemen. Diese bilden die Basis für forschungs- und entwicklungsbezogene Studien- und Diplom- bzw. Masterarbeiten sowie für Dissertationen in diesen Bereichen.

Kontakt:
Prof. Dr. Siegfried Heier
Institut für Elektrische Energietechnik - Windkrafttechnik
Universität Kassel
Wilhelmshöher Allee 71
34121 Kassel
sheier@uni-kassel.de
www.sheier.com